死を悼む動物たち

バーバラ・J・キング

秋山 勝＝訳

草思社文庫

死を悼む動物たち＊目次

第15章 先史時代の悲しみ 329

おわりに 351

死を悼む動物たち

夫のチャーリー、娘のサラ、母のベティーへ
そして、猫たち——ミッキー、ホルス、グレイ&ホワイト、マイケルに
ウサギのキャラメルとオレオ
これまで慈しみ、わが家で命を終えたあなたたち生きもののすべてに

すべてはみな同じまま
でも、あなたはいない

——ブルース・スプリングスティーン

プロローグ　動物たちの悲しみと愛について

集団から離れ、身じろぎもせず横たわるものがいる。周囲ではだれもがせわしなく働き、高度に機能する集団をよどみなく動かしている。しかし、横たわるものはひとりさみしく息絶えている――その姿に目を向けるものはだれもいない。

二日もすると放っておかれた遺体からある臭気があがってくる。するどく鼻をつく薬品のにおい。すると仲間のひとりが寄ってきて、遺体を近くの墓地に運んでいく。遺体はここで多くの仲間の死体のひとつにされる。手際よく進められる遺体の処理。その死を嘆くものはやはりだれもいない――。

これはゾンビ物語のワンシーンなのだろうか。ハリウッドやバーバンクでなんども映画にされ、最近も出版があいついだあの人気のジャンルだ。現実に生きる人間は、遺体を前にこれほど冷淡に、そして無機質に扱う文化をもちあわせてはいない。丁重な儀式を行って故人をとむらうのは、どこであろうが変わらない人間ならではの営みなのだ。遺体にかしずき、嘆き悲しむ遺族をなだめ、その行き先がたとえ凍てついた大地への埋葬であろうと、亡き人を来世の旅へと送りだす。

じつはこの話は、昆虫学者のエドワード・ウィルソンが一九五〇年代に観察していたアリの行動パターンに関するもので、人間について述べたものではない。アリは死ぬと死骸は数日間そのまま放置される。しばらくすると別のアリが寄ってきて、死体を墓地に相当する場所に運んでいく。死んでから二日目、残された体からオレイン酸の放出が始まり、これが死骸の移動という反応を仲間に引き起こす。ウィルソンは、二〇〇九年に放送されたナショナル・パブリック・ラジオ（ＮＰＲ）の番組で、科学ジャーナリストのロバート・クラルヴィッチにそんな話を披露していた。

好奇心にかられた研究者が、生きているアリにオレイン酸をぬりつけ、仲間が行き交う場所に戻したとしよう。まだピンピンしているにもかかわらず、仲間はこの一匹をかつぎあげると、もがきつづける本人をしり目に墓場へと運んでいく。

ここからうかがえるのは、死にかかわるアリの行動は、純粋に化学物質にかりたてられた反応だという点だ。昆虫の感情表出については、研究者にも知る手立てはないようなので、わたしも「アリは仲間の死を悲しんではいない」という仮説を心おきなく立てられる。

とはいえ、動物界では、このようなアリの反応はきわめて極端な例である。化学物質のひと嗅ぎで、チンパンジーやゾウが容易に操られると考える人は少ない。認知能力や感情の豊かさの点では、チンパンジーとゾウはまさに「動物を代表する存在」なのだ。知的なプランナーにして、問題解決能力にすぐれている。大きな脳をもつこうした哺乳類は、感情を介して群れの仲間と結びついている。ある時期をともにする相手選びにはうるさいが、離れて生活していたお気に入りの相手と再会できれば、チンパンジーは「キー、キー」とうれしい悲鳴をあげ、ゾウは高らかに鼻を鳴らして喜びを隠そうとしない。

チンパンジーもゾウも、動物行動学の研究者が仰々しく口にする「社会的紐帯の表出」をただ行っているわけではない。仲間に向けられたこうした感情は、チンパンジーやゾウたちが世界をどのようにとらえているのかという、高度な認知力と深くかかわっている証拠なのだ。チンパンジーは、道具の扱い方の違いを心得ている教養ある動物で、たとえばシロアリは竿で釣りあげてとらえる、硬い木の実は石で殻を砕く、木の洞《ほら》の底にひそむブッシュベイビーは槍でつついてつかまえている。しかも、道具の使い方は群れ特有のものであり、どの群れも同じというわけではない。

「ゾウのように物覚えがいい」という古くからの言い回しがあるように、ゾウはすぐれた記憶力をもつ動物で、体験した事件はまざまざと記憶にとどめている。その記憶は心的外傷後ストレス障害（ＰＴＳＤ）で苦しむほど生々しく焼きついているのだろう。血縁や仲間のゾウが密猟者の手にかかる光景を目の当たりにしたあとでは、悪夢にうなされ、ぐっすり眠ることができない。

チンパンジーもゾウも仲間の死を嘆いている。タンザニアでチンパンジーを研究するジェーン・グドールとケニアでゾウを観察するシンシア・モスは、この分野の女性研究者として草分け的な存在だ。もう何年も前に書かれたふたりの論文は、愛する仲間の死に際し、チンパンジーとゾウにうかがえる悲しみを観察した最初の研究となった。だから本書でも、きわめて自然な流れとしてチンパンジーとゾウが登場する。ふたりの研究に最新の成果を交え、ゾウやチンパンジーが抱いている悲しみに深みと具体例が加わって、話はいっそう興味深いものになっている。

アフリカの密林やサバンナからはるか遠く離れた場所でも動物は仲間の死を嘆き、その様子は記録にも残されている。野鳥、イルカ、クジラ、サル、バイソン、クマ、ウミガメなど、本書では、動物が仲間の死を悲しんでいると思われる姿を探してさまざまな生息地を訪ねてみる。家のなかで目をこらしたり、農場に足を運んだりするのも、人と生活をともにする猫や犬、ウサギ、ヤギ、馬がどのように悲しみに沈んでいるのかを発見するためなのである。

歴史的に見ると、動物の感情や思考について、研究者はきわめて過小にしか評価してこなかった。しかし現在では、研究者もビデオに残した映像を根拠に、これまで想像してきた以上に多く動物がものを考え、さらに深い感情を抱えていることを明らかにしつつある。

たとえばヤギとニワトリである。わたし自身、ヤギやニワトリに認識力や感情があるなどとは考えたこともないまま何年もすごしてきた。バージニア州の自宅周辺でも旅先のアフリカでも、農場や庭先に群れるヤギはなんども目にしたが、その本当の姿をわたしは見ていなかった。ニワトリも同じだ。多くの人たちと同じく、思考力や感受性の点で、どの動物がすぐれているかという暗黙のヒエラルキーを心のなかに築いていた。

無意識とはいえ、霊長類の研究という自分の仕事柄、ゾウやチンパンジーは、ヤギやニワトリをはるかにしのぐ存在と見なしていたのだ。ヤギやニワトリは意識の片隅に追いやられたか、はたまたお皿に盛られたごちそうぐらいにしか思えなくなっていた。

ところで、世界で一番消費されているのがヤギの肉で、メキシコ、ギリシア、インド、イタリアでは肉といえばもっぱらヤギの肉のことをいう。ここ数年、アメリカでも流行に目ざとい若者に人気らしいが、わたしは口にしたことはない。ベジタリアンに近い生活を送っている。最近では、近所のヤギとぶらぶらすごしたり、ヤギを育てている知人らと交流を重ねたりしているのだが、ブラッド・ケスラーの回想集『山羊の歌』（*Goat Song*）を読んでから、この動物がいかに複雑な感情をそなえた生きものなのかと思いはじめている。

再会に歓喜するヤギの母娘

二〇一一年の夏の日の昼さがり、わたしはビーとアビーという母娘のヤギと出会った。母娘の生育歴はよくわかっていない。二頭はわたしが住むバージニア州グロスター郡の自宅近くにある農場フォーバーダブル・ランチの住人で、ここにはリンダ・ウーリッヒと夫のリッチが暮らしている。ひと目見て、夫妻は自分と同じ感性をもつ人たちだとわかった。農場では保護されたヤギ、馬、犬、そして一匹の猫が思い思いに歩きまわっている。ふたりは、動物のために奔走するような人ならどうしても語りたくなる物語をいくつも知っていた。

母親のビーは灰色がまじった白色の毛におおわれ、あごひげはまばらで物腰もやさしげだ。娘のアビーも体の色は同じだがひげはない。最初にビーが夫妻のもとに引き取られた。それから一か月半ほどして娘のアビーが連れてこられ、農場のヤギの一頭に加わった。農場ではヤギたちが広い囲い地のなかをのんびりと歩き回っている。

再会をはたしたとき、母娘は「ヤギの歓喜」としか表現するほかない姿で喜びをあらわにした。高らかに鳴き声をあげ、顔と顔をすり合わせた。たがいへの深い思いに突き動かされ、二頭はぴたりと体を寄せあった。見ていたリンダは涙をこらえることができなかったという。

『山羊の歌』のなかでケスラーは次のように書いている。

山羊とすごす日々が深まるにつれ、山羊の感情生活がいっそう豊かですばらしいものに思えてくる。山羊から伝わる気配や願い、心の細やかさと聡明さ、住み慣れた土地や仲間、そしてわたしたち人間に向けられた深い愛着。だが、山羊が声と体とまなざしで意味を交わそうとするその流儀は、わたしには理解する手立てさえない。それはまさに「山羊の歌」にほかならなかった。

ビー（手前）とアビー（photo by DAVID L. JUSTIS, MD.）

そのむかし、古代ギリシアの悲劇は「ヤギの歌」として知られた。アテネで開かれていた演劇コンテストの勝者にヤギが授けられていたからなのだろう。褒美のヤギは屠られて、生け贄に供された。儀式では祭礼の歌が捧げられていたというが、本書でもあとで触れるように、ヤギもまた自分の死を悟り、嘆き悲しんで声をあげて鳴いていたのかもしれない。

ヤギはチンパンジーのように道具をつくらないし、ゾウのように過去の記憶や体験を心の傷として思い返すこともない。自己認識の点でも、たとえば鏡に映る姿が自分だとはわからず、そうだと認識できるほど発達することもないだろう。しかし、だからといって、動物がなにを思い、どう感じているかを考える場合、チンパンジーやゾウを絶対の基準にしていいものなのだろうか。

正しい動物行動学は、類人猿やゾウの思考や感情を判断する際、人間の思考法を基準にして判断する態度を改めるよう強く求めてきた。そうであるなら、ほかの動物がなにを思い、どう感じているかを判断する場合、チンパンジーやゾウを基準にするのは望ましい行為とは言えない。ヤギがなにを思い、どう感じているか、それがヤギ本来の思考であり、感じ方なのだ。

仲間の救いを求めるニワトリ

ニワトリはどうだろう。子どものころから五十代の現在まで、わたしは何千何百羽という二ワトリを食べてきた。外で食事をするときも、チキン料理は大好きなひと皿だった。だから、「ニワトリの知性」「ニワトリの個性」と言われても、わたしには意味をなさないばかりか、目の前にいるニワトリを表す言葉として理にかなっているとも思えなかった。けれど、食物なのか思考する存在なのかというそんな思案も、ニワトリをよく知る人たちから聞いた話でがらりと変わった。

きっかけは知人のジーン・クレインズの話だ。ニュージャージーの郊外に住むジーンは、十四羽のニワトリをいつも飼っていたが、放し飼いが習慣になっていたのでニワトリも好きなように歩きまわり、ご近所にも顔を出していた。「結婚を控えた娘さんのお祝いパーティーにいるのを見かけたわ。集まっていたご婦人のみなさん、遠巻きにしていたけれどね」。

ジーンの話のなかでもわたしの大のお気に入りは、「プール救出事件」とでも呼ぶ一件である。ある日、ジーンがキッチンにいると裏庭のほうからただならぬ物音が聞こえてくると、ジーンがいるキッチンのほうに回ってニワトリたちがかけてきたのだ。「気が触れたような勢いで、くちばしで引き戸をたたきはじめたの。わたしもすぐに表に出たわ。すると今度はわたしのうしろにまわって、こっちだ、こっちだと追い立てていくの。その調子でプールまでまっしぐら。行ってみたらクラウディがいたわ。みんなのお気に入りの雌鶏クラウディ。そのクラウディがプールのなかでもがいていた。すぐに水から引き上げてあげたわ」。

仲間の機転をきかせた行動でクラウディは助かったとジーンは信じて疑わない。ニワトリが示した一連の行動はやはり特筆すべきものだろう。ニワトリは、仲間が窮地にあるのを理解していた。そして、どこに行けば人間の助けが得られ、どうすれば人間の注意を引きつけられるのかがわかっていた。さらに、その人間にはっきりとわかる方法で、事件の発端となった現場へとただちに案内した。

アニー・ポッツの『ニワトリ』（*Chicken*）には、この鳥がどれほど賢く、社会的にもすぐれた生きものであるかが詳しく書かれている。本を読んでわたしの世界観は大きく揺らいだ。ポッツはこの本のなかで、ニワトリは人間も舌を巻くような能力を数多くもつ事実を紹介している。ニワトリは百人の顔を見分けられるばかりか、顔の一部を見ただけで顔全体を把握することができるのだ。一番興味を引かれたのは、話が個々のニワトリにおよんだときである。たとえば、ヘンリー・ジョイはカリスマ的な雄鶏で、老人ホームのアニマルセラピーでは、個性的な魅力でだれからも愛されていた。

ポッツは、動物学者のモーリス・バートンの話を引用して、仲間に先立たれたニワトリの嘆きについても触れている。年老いて目もほとんど見えない雌鶏がいた。その面倒を若くて元気なもう一羽の雌鶏が見ていた。若い雌鶏は老いた仲間のためにエサを集め、暗くなると寝場所でくつろげるように世話を焼いたが、やがて老いた雌鶏は息をひきとる。すると若い雌鶏もエサを口にすることをやめてしまう。体はどんどん弱っていった。若い雌鶏が死んだのは、老いたニワトリの死から二週間とたたないうちだった。ニワトリもなにかを思い、なにかを感じている。やはり仲間の死を嘆き悲しんでいるのだ。

ただ、ニワトリも嘆き悲しんでいるというわたしの言い方はいささか性急すぎるかもしれない。正確を期すのなら、次のように言い換えたほうがいいだろう。

チンパンジー、ゾウ、ヤギと同じように、ニワトリにも死を悼む能力が備わっている。そして、個々のニワトリの性格や置かれた情況しだいでその能力が現れる場合がある、ということなのかもしれない。その点では人間と大差ないだろう。ニワトリ、ヤギ、猫と生活をともにしながら、仲間の動物が死んだからといって、必ずしも死を悲しむドラマチックな場面に立ち会えるわけではないのだ。

人間だってどこに違いがあるだろう。ニューヨーク・タイムズ紙の〈メトロポリタン・ダイアリー〉は、ニューヨークに住む読者が、自分の身辺で起きた出来事を投稿するコーナーで、二〇一二年一月十六日付の新聞にはこんな話が紹介されていた。投稿主のウェンディ・サクスターがマンハッタンにある公園を姉妹で訪れたときだった。見知らぬ婦人がふたりのもとに寄ってきた。自分が手にした紙袋には遺灰が入っていると言う。そして、園内で散骨ができるかどうかたずね、紙袋を姉妹に手わたすと、こう言って立ち去っていった。

「どうぞ持っていってちょうだい。彼の名前はエイブ。この人のことなんて本当にもううんざり」

そのひと言に吹き出す人がいれば、唖然とする人もいるだろうが、この話の要点はつまりこうなのだ。親兄弟、あるいは自分の人生でかけがえのない役割を担った人であろうと、そうした人たちの死に直面したとき、残された人間がどう反応するかは、だれにも予測がつかない。どれほど近しい人が亡くなろうと悲しまない人がいる。もっとも、他人にはそれとわからないだけで、悲しみを胸に秘めているのかもしれないし、ひとりきりのときに涙にくれているのかもしれない。

悲しみは愛の代償か

仲間に先立たれた動物について書くとき、わたしは、二本の柱のあいだで強く張られた綱のうえを歩いている。一本目の柱は、人間以外の生きものにも感情生活があることを認めたいという願いであり、もう一本の柱は、人間の独自性を讃えるというわたしに課された義務のことである。わたしはやはり人類学者なのだ。死を嘆き悲しむにしても、人間という種がいかに固有のスタイルに富んでいるか、それを論じるのが人類学者である。チンパンジーが化学物質に支配されたアリではないように、人もまた精巧につくられたチンパンジーではない。

動物のなかでも、唯一われわれ人間だけは、死が絶対に避けられない事実を知っている。いつの日か自分の意識は消え去り、呼吸は働きをとめる。最期を平穏のうちに迎えるのか、あるいは突然の恐怖として迎えるのか、わたしたちには知るよしもない。だが人間は、荘厳あるいは質素の違いはあれ、何千にもおよぶ様式で愛した人への喪失の思いを表している。

この先何十年も生きるはずの子どもに先立たれたとき、親は悲しみにとらわれて激しく泣き叫ぶ。苦悶の果て、なかにはその嘆きにかたちを与え、慟哭を芸術に高める人がいる。「地球ごとこの体をふたつに裂いて、わたしの内臓を取り出してくれ」と書いたのは、作家のロジャー・ローゼンブラットだった。わが子のエイミー、三人の子の母親でもある娘の突然の死について書いた本のなかで、ローゼンブラットはそう記す。「北から南、この地もろともにわたしの体を真っぷたつに切り裂いてくれ。骨は骸《むくろ》のそばに並べておいてほしい」。

悲しみをこのように表現するなど、人間以外の動物にできることではない。人間は死者にかしずいて儀式を執りおこなうが、その様式は地上で語られる言語の種類の数だけ存在する。わたしたちの祖先が遺体にはじめて赤いオーカー（代赭石《たいしゃせき》）をふりまいた何千年、何万年も前の大むかしから、あるいは死後の世界へのたむけとしてはじめて供物が捧げられて以来、それとも墳墓や火葬が編み出され、七日間の喪に人びとが服するようになってから――最近ではフェイスブックやツイッターで故人の思い出をしのぶようになったが、人びとは何千年もの歳月を通して、故人に対する哀悼の儀式を捧げるために集まりつづけた。死を前にして、人間は動物には決して見られない方法で行動するものなのだ。

つまり、ヤギの悲しみはニワトリの悲しみではない。そして、ニワトリの悲しみは、チンパンジーの嘆きでもなければ、ゾウや人間の悲しみでもない。肝心なのはその違いだ。種のあいだに現れるこの違いは、同一種の個体にうかがえる差異に匹敵するものかもしれない。そして、動物行動学が二十世紀で学んだ大いなる教訓は、われわれ人間が決して一律で論じられないように、チンパンジーやヤギ、ニワトリもやはり一様には論じられないということだった。

人間と動物、わたしたちは似てもいるが、やはり異なる生きものなのだ。この二つの柱のあいだでバランスを保つため、わたしはさらに説得力がある両者の共通点を考えていこう。人間がそうであるように、動物も相手に愛を抱いていたから悲しむのだとわたしは考えている。つまり、動物の悲しみとは、愛の存在を強く指し示す指標と見なしていいのかもしれない。

動物の愛情について論じるなど、突拍子もないことだろうか。では、霊長類にとっての愛が、ヤギにとっての愛よりも勝るとわたしたちはどうやってわかるのだろう。人間にとって愛がなにを意味するのか、それをもれなく論じるなら、恋にのぼせ上がった人間の血中ホルモンを計ったり、出会ったばかりのカップルのしぐさや言葉、交わしあう目線の回数を記録したりする以上のことが求められる。

だが、科学は愛を計量するには役立ちもしようが、愛をあますところなく語ることはできない。そして、科学に対するこの挑戦は、言葉を介さずに考えたり感じたりする生きものを相手にするとき、あるいは伝達手段をもつにしても、人間が知る言葉や文脈を欠いた方法で思いを伝えあう動物を相手にする場合、まちがいなくその意義を深めていくにちがいない。

動物行動学や動物の保護活動で著名なマーク・ベコフは、動物の愛を話題にでもしようものなら、激しい疑念の声を招きかねないことをよく知っていて、こうした疑義に対しては厳しい論調で反撃を加えてきた。ベコフが言うように、人間は、自分が人間だという自意識を抱くようになってからというもの、愛の定義や愛の真の意味を理解しようという困難な試みに取り組みつづけてきた。

「愛が意味するものを人はまだ正しく理解できないままでいる。しかし、理解してはいないが、愛がたしかに存在する事実を否定できなければ、愛がもつ力を否定することもできない。わたしたちは、日々何百というかたちで現れる愛を体験し、目の当たりにしている。そして、悲しみとは愛の代償そのものにほかならない。動物も悲しんでいる。だから、彼らもまた愛を覚えているはずにちがいないのだ」

愛の必要条件と十分条件

ベコフ、グドール、モスらの研究者によって切り開かれた動物の感情をめぐる科学、それらを基礎に、わたしもまたこの仕事に満ちたりた思いを覚えるのは、動物の愛情をめぐるこの考えが、いずれ将来ひとつの仮説としてきちんと検証されるという期待を抱いているからである。

その中心となる考えとはこうである。動物が別の動物に愛情を抱いている場合、その動物はわざわざ自分から相手のもとに寄っていき、積極的にかかわろうとする。こうした行動をとるのは、エサを探すため、捕食動物から身を守るため、交尾や繁殖といった生存を根拠とする場合も含まれるが、それだけではおさまりきれないものがある。

わたしが用いる構想では、相手のそばにいることを選んだ動物の積極的な働きかけは必要条件を満たすもので、愛の基礎をなす部分に相当する。しかし、ある動物が愛を抱いていると断言するには、これは単なる必要条件にすぎず、十分条件と言えるものではない。そのため、もうひとつの条件づけが不可欠だ。

愛する相手とこれ以上いっしょの時間をすごせなくなったとき――たとえば、どちらかが死亡した場合など、残された側は目に見えてわかる姿で苦しんでいることがある。エサを食べることを拒み、体重を落としたり、病気になったり、あるいはいらついたりして、だんだん元気をなくしていく。そのしぐさや様子から、悲しみや抑うつ状態にあるのが伝わる。

こうした定義がどんなケースでも当てはまるには、ふたつの情況についてきっちりと一線を引いておかなければならない。野生に生息する二頭のチンパンジーを例に考えよう。ペアの名前はモジャとンビリ、二頭は移動するのもいっしょ、休むのもいっしょ、毛づくろいもいつも二頭でかわるがわる行っている。いっしょにいることに、モジャとンビリはある種のきわめてプラスの感情を抱いているから、こうした行動をとっているのかもしれない。

一方で、そんな余計な感情などまったく介在していない場合も考えられる。二頭は協力しあうという習慣をただ繰り返しているだけで、必要があれば別のチンパンジーが相手でも、同じように満足を覚えているのかもしれない。このふたつの解釈が成り立つとすると、専門家はどうやって正しいほうを選びだすのだろう（いずれの解釈においても、二頭が協力関係にあることは、生存に必要なものを得る際には有利に働く。

留意してほしいのは、生存欲は愛の定義から除かれるものではなく、なにかもっと別の定義を加えて補強されなければならないという点だ）。

注意深い観察と、できればモジャとンビリの交流を記録した映像をたんねんに分析することを通じて、わたしたちは二頭のあいだに愛の存在を認めることができるだろう。それは、たがいの姿を探し求め、ようやく出会えたときに抱きしめあう抱擁の激しさ、あるいは交互に毛づくろいをしあう際、そのときのかいがいしさにうかがえる愛情だ。

もちろん、動物たちの関係に〝愛〟という言葉をあまりにも野放図に使ってしまうのは、大きなあやまちをおかすことにもなりかねない。過剰な擬人化で、重大な特質を見誤ってしまうこともありえる。しかし、ふたつ目の条件、つまり十分条件が現れるのはこの点だ。モジャとンビリがたがいに愛情を抱いているのなら、二頭が別れを強いられたとき、とくに死によってその仲が裂かれてしまった場合、残された側には悲しみに沈んだ様子が現れる。

動物の感情にかかわる難題

必要条件と十分条件というふたつの点から動物の悲しみを推しはかる手法は、現時点ではまだ完璧とは言えない。動物が抱いている愛情について見極めが十分でないのは、別れや死という十分条件が必ずしも観察可能というわけではないからなのだ。それどころか、愛情を抱いていない相手であったにもかかわらず、その死に際してのみ悲しむ例が観察される可能性がある。

さらに、動物が抱くさまざまな愛情を区別できないという問題もある。たとえば、モジャとンビリが母娘だとしたらどうだろうか。別々の群れで生まれ、その群れを離れたのち、あらたな群れで出会った二頭のチンパンジーが覚える強い愛情と、母娘の愛情では性質が異なってくる。

人間で考えても、この違いを見極めるのはたやすいことではない。家族に向けられた愛情、友人への思い、職場の仲間や人生の伴侶に向けられた感情は同じものではないだろうし、その死に際して覚える悲しみもまったく同じだとは言えない。しかも、こうした違いは、外から見る者の目にはっきり認められるようなものでもない（動物相手の観察には必要だが）。見極めたとしても、そんな機会などめったにあるわけでもないだろう。

動物の感情を目の当たりにする現場では、観察者はひと筋縄ではいかない難題を突きつけられる。動物の愛に関するわたしの定義づけははじめの一歩だ。とくに、つねに念頭に置いておく必要があるのは、動物のなかには、人間はもちろん、群れで生活するチンパンジーのような霊長類ともまったく異なる姿で愛や悲しみを示す動物がいるという点だ。これに比べると、チンパンジーの反応には容易に人の姿が重なる。

本書に書かれた動物たちの話を読まれ、巻末の「参考文献と映像資料」をご覧になる際には、ここで提案した悲しみをめぐる「理想的な定義」と、それが動物の愛情とどう関連するのか、その点を心にとめおいていただきたい。本書に登場するケースには、この定義にぴたりと一致するものがあれば、一致などまったくしない例も存在する。そうだと断定したくなるような兆候に満ちた例を目にする一方で、同じようなケースでありながら、あまりにも曖昧なため、動物の感情について、確実な部分などなにも認められない例も登場する。

しかしながら、現時点では推測や曖昧な観察であろうと、動物の悲しみを探ろうとする探求はそれ自体に意味がある。というのも、これから将来にわたって観察を続け、わたしたちがさらに洞察力に富む問いかけを抱けるようになるのは、こうした試みを経てきたおかげなのである。

以上、研究者として伝えておきたい注意点や条件について触れてきた。それらをまとめると次のようになる。つまり、悲しみに沈む姿が動物に認められたとき、わたしたちは、動物の愛情の有無をめぐる分岐点に立ち会っている可能性があるということだ。その可能性は、ふたつの領域に重なる境界のようなものかもしれない。有名なだまし絵の前に立っていると想像してみてほしい。目をこらして見ていると、最初は明らかにウサギに見えていた絵が、見続けているうちに視覚に変化が生じ、ウサギからアヒルへとその姿を突然変えている。

本書を読み進めていくにしたがい、ウサギやアヒル、そのほかもろもろの動物が感じている悲しみを見出していただけるだろう。しかし、それと同時に、動物が抱いている愛情についてもあらためて気がついていただけるかもしれない。

第1章　死んだ妹を探して——猫

十二月を迎え、バージニア州グロスターに暮らす友人のカレン・フローとロンの家は華やかに飾り立てられていた。どの窓からもキャンドルの明かりがこぼれている。玄関には真っ白なツリーが優雅に置かれ、二階のツリーは色とりどりのランプできらめいている。クリスマスのためのとっておきの音楽と食事、それに休暇——家中のみんなが十二月を待ちわびていた。

だが、その年のクリスマスはちょっと違った。悲しみの気配が家に漂っていた。フロー家のシャム猫、ウィラが部屋から部屋へと歩き回っている。暖炉の前に置かれた長いすでじっとしていたかと思うと、家中をうろついては部屋のなかをのぞきこんでいる。暖かくて柔らかそうなクッションに目をくれると、小さな鳴き声をもらしている。夫妻の寝室ではベッドに飛び乗り、枕とヘッドボードのあいだにできた、こぢんまりとした凹みに顔と体を押しつけている。じっと目をこらして、もう一度「ニャー」と鳴いた。不意にもれた、ひどく脅えた鳴き声。猫とは思えない声だった。

ウィラは落ち着かない。夫妻のどちらかにしっかり抱いてもらうか、膝のうえでなければ落ち着いていられない。ウィラが探しているのは妹のカーソン。けれど、カーソンは一か月前に死んでいた。生まれて十四年、はじめてひとりぼっちになったウィラ。妹はもういない。長く続いた二匹の関係では、元気はつらつで姉さん風を吹かしていたウィラ、だがそれももうおしまいだ。

ひとりぼっちのウィラ。ウィラは悲しんでいた。

ウィラとカーソン――二匹の名前はウィラ・キャザーとカーソン・マッカラーズのふたりの作家にちなんでつけられた。二匹が文学愛好家のこの家にやってきたのは、文豪シェークスピアが生まれた四月二十三日のことだった。ウィラは生まれた子猫のなかでもまるまるとしていたが、カーソンは違った。体は小さく、値札に記された数字もウィラの半分。業者にもカーソンはあまり丈夫ではないのはわかっていた。

家にきて一週間、カーソンの行動はどこかおかしかった。聴覚が正常ではないらしく、わずかな物音や気配に毛を逆立てた。嵐が吹きあれた日、カーソンはロンの肩によじのぼると、襟もとにぴたりと自分の体を押しつけていた。奇妙な動きも目立った。フロアを横切ろうとしてもまっすぐには進めず、ぐるぐると同じところを回りつづける。「ニャーン」と声をあげることもなければ、のどを鳴らす音もかすかだ。「この子の耳は聴こえていない」、夫妻はそう判断した。

やがて除爪手術の日を迎え、二匹はそろって獣医のもとに連れていかれた（アメリカの多くの家庭と同様、フロー家でも室内飼いの猫に爪を取り除く手術を受けさせていたが、現在はやめている）。ウィラは獣医の手ちがいから傷を負い、病院で治療を受けなければならなくなってしまう。カーソンは家で留守番をしていた。カレンの話では、このときからカーソンは声を出して鳴くようになったという。ウィラを求めて家中を探し回り、「ミャーミャー」と激しく鳴きつづけていた。

まもなく再会した姉妹。満ちたりた毎日がふたたび始まる。ひなたぼっこに追われる日中、食事は申し分ない。大好きな夫妻の膝のうえ。ウィラはいつもリーダーで、温かい長いすとベッドの隅にいちもくさんに向かっていくと、そのあとをカーソンがしたがった。一度落ち着くと、姉妹は体を軽く触れあって眠ったが、二匹が並んだ寝姿は羽を広げた蝶によく似ていた。どちらかが病気になれば、もう一匹はかたときもそばを離れず、相手の体をなめつづけていた。

猫とは思えない悲痛な声で

年をとるにしたがい、カーソンはしつこい関節炎を患い、それればかりか内臓にやっかいな結石ができて病状を悪化させた。体重は落ち、手術も避けられず、病院通いが当たり前になった。治療でカーソンが家を留守にすると、とたんにウィラは元気をな

ウィラとカーソン（photo by KAREN S. FLOWE）

くしたが、こうした別れはいっときのことであり、カーソンもそのたびに立ち直り、ふたたびウィラと遊べる体力を取り戻していた。

ある年の十二月のことだった。カーソンの体がふるえはじめた。これまで経験したことのない症状だ。体温が急激に下がったので、獣医のすすめで、カーソンの体は保育器に移された。保育器の温もりにすっぽりと包まれ、その夜、カーソンは静かに眠りにつくことができた。そして、その目が二度と開くことはなかった。

眠りについたまま息をひきとり、苦しまずに済んだことを夫妻は感謝したが、もちろん深く悲しんでいた。ウィラといえば、とくに騒ぐこともなく、カーソンが病気で留守にしていたときによく見られた、ふだんとはちょっと違う、少し元気のない様子だった。夫妻は、ウィラがまもなくいつもよりも激しく騒ぎ出すと考えたが、目の当たりにしたウィラの姿にふたりはたじろいだ。

「二、三日して、ウィラの奇妙な行動が始まったの。カーソンを探して、絶対にあきらめようとしないのよ。これまで聞いたこともない声、猫とは思えない声で鳴いていたわ。アイルランドの泣き女の話を本で読んだことがあるけれど、ウィラの声はそんな感じかもしれない。ずっと探したあげく、突然、あんなぞっとするような声で……」。言葉を詰まらせながら、カレンは話を続けた。「でも、私の膝に乗れるようになると、それもだんだんおさまってきた。ウィラもつらかったのね。いまではだいぶよくなったわ。本当に人間と変わらない」。

ウィラは妹の死を嘆いていたのだろうか。それとも、慣れ親しんだ毎日が一変して、それが原因で落ち着きをなくしていたのではないのか。心理学者のスタンレー・コレンは、雑誌モダンドッグに書いた記事のなかで、まさにこの点について触れている。猫についても同じことが言えるだろう。「最愛の仲間をなくして犬は悲しんでいるのか、それとも日常に起きた変化に対する不安を表しているのか。動物行動学では、この問題に関する結論はくだされていない」。

懐疑派は、「擬人化のしすぎだ」と声をあげ、「動物好きは深く考えもせずに、人間の感情を動物に重ねすぎる」と非難する。「動物も悲しんでいる」「仲間への愛を感じている」「複雑な感情をもつのは人間だけではないと安易に考えず、もっと明快な説明を優先させてみるべきだ」。たしかに、そんな発言にも一理はあるだろう。ウィラとカーソンの場合、姉妹の長い歴史をたどれば、関連するなにかがあるはずだ。除爪手術のあと、短期の不在だったにもかかわらず、カーソンもウィラを探して鳴き叫んでいたのはわたしたちも知っている。

しかし、ウィラがカーソンの死後に示した様子は、それまでとは桁ちがいの反応だった。妹の不在にウィラはその死を直感したと夫妻は信じている。ひとつには、自分たちがきっかけなのかもしれない。夫妻が悲しんでいる姿や声の様子から、ウィラはそれと気がついたのかもしれない。それからもうひとつ、それは二匹が選んだ暮らしぶりに関連している。姉妹はいつも体をからめあっているのが習慣だった。こうした接触が相手の存在を知る、一種の認識手段となっていたのではないのか。カーソンと体を丸めあいながら眠りにつけなくなったとき、ウィラは、妹の不在はいっときのものではなく、未来永劫続くのだと悟ったのかもしれない。

若い動物のセラピー効果

ここではっきりさせておきたいのは、動物が死を悼むとは、死とはなにかを動物が頭で理解しているわけではないという点だ。本書に登場するほかの動物の例や専門的な記述でも変わらない。人間の場合、時に死を恐れ、時に進んで死を受け入れたりもするが、その場合、死がなにを意味するのかはわかっている。幼少期のある時期をさかいに、人は死が意味するものを理解する。ウィラは妹の死を悟ったとカレンが口にするように、もしかしたら、動物のなかにも命の終わりを感覚として知るものが存在するのかもしれない。

プロローグでも触れたように、悲しみに関するわたしの定義は、動物の思考力にかかわるのではなく、死を感じられるかどうかである。悲しみとは、二匹の動物が絆を結び、相手のことを思い、おそらく愛情を抱いているがゆえに花開く――あるいは、相手の存在が空気のようにそこになくてはならないと、はっきりした思いを抱いているからこそ花開く感情なのだ。

カーソンに対して、ウィラがそんな思いを抱いていたのは明らかだ。ひとり残されたウィラのため、飼い主のカレンはいままで以上の愛情をそそぎ、それだけではなく、なにかしてやれることはないかあれこれ考えた。シャムの成猫をもう一匹飼おうかとも考えた。だが、カレンは種の違いなく通じる、きわめてシンプルな真実を心から信奉していた。愛するものに代わるものはなにも存在しないのだ。

『博物誌』という本は、十九世紀に書かれたフランスの田園地方で生きる動物に捧げられた一冊だ。著者のジュール・ルナールはこの本のなかで、カストールという名の雄牛の話に触れている。ある日の朝、目覚めたカストールは小屋を出て、いつものように車のくびきの下に体を入れた。「女中がほうきを手にうとうと居眠りをしているように、カストールも口をもぐもぐさせてポルックスがくるのを待っていた」。ポルックスは長年カストールの相棒をつとめてきた雄牛である。

しかし、なにかがおかしい。なにが起こったのか著者のルナールも詳しく触れていないが、犬がほえたて、あたりでは農夫が走りまわって大声をあげている。カストールは、自分の隣でポルックスが、「左右に身をよじり、自分の脇腹にぶつかって、いらだっている」のを感じた。だが、横に目をやったとき、そこにいたのはポルックスではなく見たこともない雄牛だった。ルナールはこう続ける。「いつもの相棒ではなかった。そして、いらついた目をむいた見知らぬ牛を自分の横に認め、カストールは口を動かすのをやめた」。

淡々としたこの一節に多くの思いをルナールはこめている。ただの雄牛ではカストールの心を満たせられない。それができるのは自分が知るポルックス、だからポルックスを失ったカストールは悲しんだ。人間と同じように、動物にとっても大切なのはたがいに思いあう相手の存在だ。姉妹の猫の場合もそれは変わらない。

結局、夫妻はエイミーという名の若い猫を飼うことにした。エイミーは優雅なロシアンブルーで、のどもとにあるひとつまみの白い毛がアクセサリーのようで愛らしい。エイミーを動物保護施設に渡したのは、ロシアンブルーが専門のブリーダーだ。胸に白い毛があっては純粋なロシアンブルーの基準からはずれるため、エイミーは施設に追いやられた（わたしが猫やほかの動物を施設から引き取ろうと考えるのも、エイミーを拒んだブリーダーのこんなふるまいが原因だ。わが家にはすでに六匹の猫が屋内で飼われている）。

カレンが保護施設を訪れたとき、エイミーはカレンの膝によじのぼるとそのままうずくまり、ゴロゴロとのどを鳴らした。この日、エイミーがカレンを選んだように、カレンもまたエイミーを選んでいた。たがいにひかれあい、エイミーはカレンの家の猫になった。エイミーを自宅に連れ帰ってウィラに引き合わせた。

カレンが望んだのは、動物行動学の研究者が数十年前に発見したある現象だった。社会性をもつ動物が情緒面に問題を抱えた場合、自分よりも年下の仲間の面倒を見ることで、その症状をいやす大きな効果が得られる可能性がある。この理論は、一九六〇年代に発達心理学のハーリー・ハーローらが行った「隔離実験」によって提唱されるようになった。ハーローらは、サルを実験対象に、母子の絆の性質、そして母子の絆が断たれると子ザルにどのような影響が現れるかを調べたのだ。

アカゲザルを使った有名な実験で、研究者は半年から一年間、子ザルを母親のもとから引き離して飼育した。実験の結果、子ザルは情緒面に重い障害を負っていた。集団はもちろん、母親や仲間から得られる安心感が欠落したまま育ったサルには、前後に体を揺らす、両腕で体を抱え込むなどの、深刻なうつ状態にある霊長類が示す文字どおりの反応がうかがえた。現時点でこれらの実験報告を読むのがつらいのは、実験した当時で考えても、明らかにそうとわかる結果を確かめるため、子ザルたちがむざむざ苦しめられていたからである。

正常に育てられた同じ年齢のサルといっしょでも、問題を抱えたサルの場合、相手にきちんと対応できなかった。こうしたサルの場合、群れでの生活経験がなければ、仲間に対して自分からかかわっていくとき、どんなシグナルを出せばいいのかまったくわからない。けれど、そうしたサルであっても、自分より年少で、正常に育てられたサルとともにすごす機会に恵まれると、たとえ心に障害を負い、母親と暮らした経験がなくても改善へと向かっていけるのである。

年若いサルは、傷ついたサルにとって、いわばある種のセラピストのような役目を果たしている事実を研究者は発見した。一九七一年に発表された論文で、「生後六か月間隔離して育てたサルを、正常な環境のもとで生育した生後三か月のサルとともに生活させた結果、問題を抱えた年長のサルは社会性の回復を実質的にとげることができた」と、ハーリー・ハーローとスティーブン・スオミは報告している。

死んだ妹の思い出は生きているのか

この実験で明らかなのは、情緒的に傷ついていても、自分よりも年下で、脅威を覚えなければ、そうした相手との交流は、傷ついた側の動物にいやしをもたらすという点だ。もちろん、ウィラの場合、社会的に孤立はしていないので、アカゲザルの実験で考えるにはいささか無理な点もある。しかし、発想は本当によく似ている。

エイミーがカレンの家にきたとき、ウィラは鳴き声をあげ、エイミーの到着が決して歓迎できるものでないのを隠そうとはしなかった。カーソンを探すときの声とは似ても似つかないような声をあげたが、それは小さなライオンの咆哮にも似たうなり声だった。これで明らかになったことがある。エイミーはたしかに年下で威嚇する存在ではなかったが、見知らぬ猫が自分のなわばりに立ち入るのをウィラはまったく歓迎していなかった。

しばらくするとウィラは、自分のまわりで起こる出来事に進んでかかわるようになっていた。それはここ数か月見られなかった行動で、エイミーとはできるだけ同じ部屋にいようとした。「ウィラも改めて考えなおしたみたい」と笑いながらカレンは話す。最初の反応は決して温かいものではなかったが、エイミーと生活することで、ウィラは停滞した精神状態、カーソンを失ってから始まったあの情緒的に不安定な状態からなんとか抜け出せたようだった。

はじめのうちは二匹とも、同じ部屋にいてもたがいに距離を置いていた。けれど、ひとつだけ双方の接近をどうしても我慢しなくてはならない場所があった。カレンのぬくもりに触れていたいと望んだときである。カレンが長いすやベッドでくつろいでいると、大好きな飼い主をあいだに、二匹は左右にわかれて陣取った。こんな状態が半年ぐらい続いた。

秋のある日、長いすのうえでカレンはうとうとしていた。すぐそばでウィラが体をすり寄せている。一時間ほどそうしていたのだろう。ウィラはまだカレンの腰のあたりで寝ていたが、気がつくとエイミーがカレンの肩のほうにまわってきていた。二匹はいま体と体を触れあって眠っている。「うなり声もたてていなかった」とカレンは教えてくれた。

二匹の関係は新しい局面を迎えた。一度など、ウィラの頭からつま先までエイミーがなめつづけていたことがある。満足そうにのどこそ鳴らしはしなかったが、ウィラはじっとエイミーの好意を受けていた。二匹が肩を並べ、同じ器からエサを食べはじめるようになったのもそのころだ。カーソンと長年かけて築いた関係に比べれば、ウィラとエイミーとの関係は親密さの点でははるかにおよばない。二匹が固く丸まっていっしょに寝ることはないし、背と背を合わせて蝶の羽のような姿で眠ることもない。

そのかわりウィラはお気に入りの寝場所を見つけた。カーソンがいたころは、眠ったことなどめったになかった場所だ。夫妻の枕のあいだに潜り込み、ヘッドボードに顔を向けてウィラは眠った。カレンは一度、エイミーがこの場所をのぞきこんでいる姿を目にしたことがある。その様子は、ウィラの気をひくものがここにあるのではないかという感じだった。けれど、エイミーがそこで眠ったことは一度もない。

姉妹がひとつに丸まって寝ていた跡が残っている。妹とよくいっしょに寝ていたベッドや長いすで、ウィラはいまひとりで眠っている。その姿は丸ならぬ半円しか描けない。カレンにはそれがつらくてしかたがない。欠けてしまった半円が喪失の深さを思い知らせる。「ウィラの寝姿が、あの子の満たされない思い」とカレンは言う。

エイミーがきてから、ウィラの調子が心身ともに上向いている事実にカレンは気がついている。体重は増え、毛づくろいにも余念がない。以前にも増して生き生きとした感じが全身から伝わるが、けれどもその心の底にはカーソンとの思い出が残っているのだろうか。暖炉で温められた長いすのうえ、狭い座面を姉妹で分けあっていた思い出は、いまもウィラの夢のなかでともされているのだろうか。残念ながら猫の夢の王国は科学ではおよびもつかない世界だ。

残された猫たちの悲しみ

わたしは、二〇一一年から、ナショナル・パブリック・ラジオ（NPR）の科学と文化をテーマとする13・7というブログに、人類学と動物行動学に関する話題を毎週寄稿している。動物の悲しみについて書いた回で、ウィラとカーソンの物語をかいつまんで触れたことがある。この記事に対して、読者から自分のペットが体験した喪失の様子が書き込まれた。

ケイト・Bの話は、ウィラとカーソンの例ときわめてよく似ている。ケイトの実家で、シャム猫の兄弟、ナイルズとマックスウェルの二匹が飼われてから十五年がすぎていた。そしてナイルズが膵臓ガンを病む。ナイルズが安楽死を迎えたとき、マックスウェルも獣医のもとにいたが、家に帰ってしばらくすると兄弟がいないことに気がついた。いつもの場所、いつものお気に入りに取り囲まれているのにナイルズの姿だけが見当たらない。

「それから数か月、マックスウェルは家中を探し、こちらが身を切られるような鳴き声をあげるばかりでした」。この例では、マックスウェルも数か月後に息をひきとるが、亡くなるまでのそのあいだ、ケイトが連れてきた三匹の若い猫との触れあいで、マックスウェルはかけがえのないやすらぎを得ていた。三匹はマックスウェルのためにわざわざ連れてこられ、そのあいだには絆も芽生えていた。現在も三匹を実家につれていくが、決まってマックスウェルの姿を探しまわっているという。三匹のうちの一匹はマックスウェルがいつも寝ていたまさにその場所で眠っている。

ウィラとカーソン、ナイルズとマックスウェルに見られるように、兄弟姉妹の強いつながりは、そのかかわりが断たれたとき、きわめて深い悲しみを残された側にもたらす。しかし、猫の場合、血のつながりのない相手であっても、その死を悲しむケースも存在するようなのだ。

ハンナ・パストリアスは、保護施設から引き取ったボリスという茶トラの猫と、息子が拾った子猫のフリッツの仲について教えてくれた。二匹はよく前足をからませてじゃれ合い、眠るときも前足で抱き合うようにしていた。ボリスが八歳のとき腎臓に病気が見つかるが、獣医の適切な治療とかいがいしい世話のおかげで、ボリスはそれから二年半の命を永らえた。

そして、どうしても逃れられない日がきたとき、ボリスは安楽死を迎える。次に起こったことはハンナの家でも変わりがなかった。「ボリスがいなくなると、フリッツは悲しそうに鳴くばかりで、しだいに元気をなくしていきました」とハンナは書き込んでいた。生気は薄れ、大好きなおもちゃはもちろん、フリッツはたいていのことに興味を失っていた。

ウィラやマックスウェルがそうだったように、フリッツの回復物語にも同じテーマが織り込まれている。ある日、黒い子猫が一家の中庭に現れ、家に侵入してきた。がぜん元気を取り戻したフリッツ、子猫と仲よく遊ぶようになるまでにあまり時間はかからなかった。子猫はスクーターと名づけられたが、ここでも年少の猫との触れあいが、悲しみをいやすことにひと役買っていた。

死を悼む動物の反応は、種の違いを超えているのかもしれない。これについては別の章でも触れるが、キャサリン・ケンナの飼い猫で十五歳になるワンパは、一家で飼っていた犬のクマの死に激しく反応した。八歳のクマはガンを長く病んだすえに死んだ。クマは定期的にワンパの毛づくろいをしていたが、ワンパは決まってされるがままでいた。二匹は本当に気を許しあった仲間のようだった。

ワンパのほかにも猫は飼われていたが、クマとはまったくかかわろうとしなかった。クマが死んで三日がすぎたころ、ワンパが悲しむような調子で、大きな声で鳴き始めた。鳴き声は間をおきながらとぎれとぎれに続く。本当に奇妙な鳴き声で、数日にわたって続いた。

「バンシーはこんな感じで泣くのかもしれない」とキャサリンには思えた。バンシーは死を告げる不吉な女の妖精である。そして、ワンパはいつもの寝場所を変えた。夜になって眠るようになったのはベッドの足もと、そこはクマがいつも寝ていた場所だった。

ラジオ番組で、動物は仲間の死にどんな反応を示すのかという話をしたことがある。番組を聴いていたローラ・ニックスという女性からメールをいただいた。メールにはダスティーとラスティーという名前の二匹の猫の話が書かれていた。二匹はローラの知人の猫で、飼われてからもう何年もたっていた。二匹も姉妹猫だが、その関係はウィラとカーソンとはずいぶん違った。二匹はまさに敵対関係にあった。二匹は家のなかに境界線を引いて領土を分割し、ダスティーは二階、一階はラスティーの領地となった。

やがて年老い、ダスティーも弱っていった。飼い主はさらに心をこめて面倒を見たが、ある夜、ダスティーは最期を迎える。そして、ダスティーが息をひきとったまさにその瞬間、ラスティーがひと声、大きく鳴き声をあげたのだ。いつものように階下にいて、このときもダスティーのそばにはいない。ローラはこう書いていた。「ラスティーがあんな声を出すのを耳にしたのはあのときだけ。ダスティーが死んだことを知っていたのかどうかは、よくわかりません」。

深い絆が断たれるとき

わたし自身、大勢の猫に囲まれた生活を送り、動物が抱くかもしれない死別の悲しみにも注意は向けるようにしている。けれど、仲間の死を悲しむ姿を目撃したことは一度もない。病気や年老いて衰えた猫はたくさん見とったが、わが家で心を乱してしまうのは、最期に立ち会ったわたしたち家族のほうだ。これについては、わが家で息をひきとった猫は、仲間にではなく、わたしたち家族ととりわけ深く結びついていたという説明がある意味では成り立つだろう。

わが家で飼う猫のほとんどは施設で保護されていた。屋内で飼う六匹に加え、その倍の数の猫が裏庭に用意された広々とした小屋をすみかにしている。木立のしたにある、たくさんのしかけが施された頑丈な二階建ての、猫にとってはホテルのような小屋であり、防寒や隠れ家にもなる小さな洞窟も用意されている。住む家をなくした猫にとって、この小屋は格好のサンクチュアリになっている。

ここにいる猫のほとんどは、わが家からほど遠くないヨーク川の船着き場をねぐらのひとつにしていたが、そのねぐらがあるときから目の敵にされるようになった。猫に住み着かれて困り果てた人たちによって、強引に追いだされようとしていた。裏庭に小屋を建てようと考えたのは、こうした仕打ちに手を打とうと考えたわたしの夫だった。去勢プログラムにしたがい、野良猫の数をゼロにすることをめざして一生懸命に活動してきただけに、助けを必要としている猫にはただちに救いの手を差し伸べてやりたかったのだ。

小屋の近くでいろいろな猫といっしょにいるほど楽しいことはない。猫はもう飢えや犬、コヨーテ、そして心ない人間から身を守ることから縁が切れた。庭を回って囲いのほうに歩いていくと、人見知りのするビッグオレンジが茂みのしたでぐっすりと寝こんでいる。目がひとつ見えないスカウトは虫を追って飛び跳ねている。ピクニックテーブルの近くにいる二匹は、仲良しのデクスターとダニエルだ。

小屋にいたのはヘイリーとケイリー、ふたりのあだ名は〝ホワイトシスター〟。その名前のとおり雪のように真っ白な毛並みの姉妹の猫だ。二匹は野良ではなかった。あるとき友人から電話があり、姉妹を引き取れる人間を至急探しているという。引き取り手がいないふたりが処分されるその前に、わたしたち家族が姉妹を受け入れた。

ここに住む猫のなかでも、絆の深さという点でこの姉妹にまさる猫はいない。二匹のうち、ケイリーのほうが少し肉づきはよく、目の色はブルーとグリーンの色ちがい。ヘイリーは頭に黒みを帯びた毛がひとつまみあり、ケイリーではなく、わたしたち人間に向かって「ミャー、ミャー」とよく話しかけてくれる。

姉妹は、小屋にいてもたがいがどこにいるかをいつも気にしているようで、食事のときやくつろいでいるとき、あるいは日なたぼっこしているときなどは、たいていぴたりと寄り添っている。ふたりはずっといっしょに生きてきたが、年齢がいくつなのか正確にはわからない。三歳か四歳にはなっているはずだ。これほど仲のいいペアはわたしもはじめて見た。もしも、姉妹の一匹になにかがあったらどうなってしまうのだろう。そんなことは何年も起こらないようにとただ願うばかりだ。

わたしが大の猫好きであるのは、どうやらおわかりいただけたかと思う。だが、本書の第1章を猫から始めたのはそれだけが理由ではない。猫の性格を表すとき、「お高くとまっている」とか「群れない」という言葉がよく使われる。わたしが働いているウィリアム・アンド・メアリー大学で前任の学部長が、学部のおもだった教授を集め、なにかやっかいな問題について意見をまとめようとしたときのことだった。学部長が「猫の群れをいなしているようなものです」と口にした。このジョークにはいあわせた教授連も大笑いしていた。猫になぞらえたこのひと言がなにを意味しているかをだれもがただちに了解した。

猫については、こんな月並みな固定観念がある。猫という生きものは自由を束縛する相手にすぐに爪をたてる。あるいは、極めつきの忠義者でご主人の言いなりのままにしたがう犬に対し、猫のほうは風来坊。犬に関するこのイメージはまったく誤っているとも言えない。犬は群れから進化を重ねた動物で、人間への慣れという点では、猫に比べると概してまさっているものなのだ。

しかし、個体による性格の違いはあるものの、猫のなかにも仲間や人間に対して、犬に劣らないほどの深さで絆を結ぶものがいるようだ。そして、相手の猫に死が訪れたとき、そうした絆があったからこそ残された猫はひとり嘆き悲しむのだろう。

ウィラはカーソンに先だたれた。一見すると、エイミーとの生活を楽しんではいる。けれど、そうは言ってもエイミーがカーソンになれるわけではない。ウィラは妹を亡くしても生きているが、厳密に言うのなら、ウィラはいまも姉として生きているのだ。

第2章 最良の友だち——犬

悲しみは愛から生まれる場合が少なくない。一年間、「死別」をめぐる資料を読みふけり、文章を書く生活にひたってきた結果、なににもまして美しいと感じたものこそ、愛をめぐるこの思いにほかならなかった。

犬がいっしょだと、愛情というものがよくわかる。とくに全身全霊で人との愛をわかちあおうとするあの姿。体中の筋肉という筋肉にエネルギーを通わせ、尻尾の先までふるわせている。目をうるませ、人間といっしょなのがうれしくてたまらない様子だ。犬の愛情には忠誠心が織り込まれ、それは犬という生きものの特徴として代々語りつがれてきた。

東京を観光で訪れると、見学ツアーで渋谷駅に案内されることがある。お目当ては、駅に建つハチ公という名前の秋田犬の銅像だ。「ハチ公」「ハチ」と呼ばれるこの犬は、一九二三年に生まれると、まもなく東京帝国大学教授の上野英三郎博士のもとに引き取られた。博士は通勤のため毎日自宅から渋谷駅まで歩いていき、ここから電車に乗って大学へ向かった。そして、ハチも教授のお供をして毎日駅へと通った。教授を乗せた電車が出ていくと家に戻ったが、夕方、教授を乗せた電車が到着するころにあわせ、ハチはふたたび駅に現れた。

こうした毎日が一年以上続いた。だが、ある日、教授が大学で倒れて急死する。それにもかかわらずハチは、二度と帰らぬ博士を待って渋谷駅で待ち続けた。ハチはそんな毎日を十年以上にわたって続けたという。毎朝渋谷駅へと向かい、静かにそこで待ちつづけた。年老いて体がいうことをきかなくなっても博士の帰りを待ち、人混みのなかに忘れがたいひとりの人の顔を探しつづけた。

ハチは一九三五年に息をひきとった。毎年四月八日、渋谷駅の銅像の前では式典が開かれ、愛犬家が集まってハチの思い出をしのんでいる。日本では一九八七年に『ハチ公物語』として映画になり、二〇〇九年にはアメリカでもリメイクされ、リチャード・ギアが飼い主の大学教授を演じている。

ハチを思うとわたしは涙がとまらない。ハチの忠誠心、教授を心待ちにする思いを押しとどめるものはなにもなかった。ハチは教授を忘れずに慕いつづけ、会いたいと願ったが、その様子に悲しんでいるとか、気落ちしたようなそぶりは認められなかった。それどころか、いつかもう一度会えるのだと、心から信じているように希望をもってふるまっていたという。ハチにとって上野教授がそうだったように、わたしたちの多くもまた、だれかにとって自分がかけがえのない存在でありたいと願っている。ハチが教授を心にとどめたように、わたしたちもまた、死んでもなお自分のことを大切に思い続けてもらいたいと心から願っている。

スコットランドの作家、アレグザンダー・マコール・スミスの小説『ほかの人の気になる癖』（*The Charming Quirks of Others*）のなかで、主人公の女性哲学者イザベルは、古代ローマの詩人ホラティウスが残した一節「わたしのすべてが死ぬのではない《ノン・オムニス・モリアル》」を引用して、恋人のジェイミーにこんな言葉を語っている。

「だれにも忘れ去られたとき、人は本当の死を遂げる」

車に轢かれた仲間を救う犬

ハチの例は、犬と人間の種を超えて結ばれた愛と忠誠の物語である。では、犬同士の場合はどうだろう。飼い犬や町で目にする犬がほかの犬と楽しげに遊んでいる光景や、けんかをしていたかと思うと仲よくじゃれている姿はよく目にするが、そこに犬同士のまぎれもない愛情と思いやりは存在するのだろうか。

雑誌タイムが愛犬家のあいだでちょっとした物議をかもしたことがある。茶色の大きなハウンドドッグと白い小さなチワワが並んだ写真を表紙に掲載した号のときで、その表紙には「動物の友情」というタイトルがでかでかと置かれていた。

記事では、犬はほかの犬に対し、変わらぬ友情をわかちあうという考えが否定されていた。犬の場合、「チンパンジーやイルカに見られる、仲間への忠誠心や相互に助け合い、敵からともに身を守る意識に欠けている」というのだ。書いたのはジャーナリストのカール・ジンマー。この記事に愛犬家はカンカンになって怒った。動物行動学の研究者でトレーナーでもあるパトリシア・マコーネルらは、科学者は犬を過小評価しているのではないかと猛然と嚙みついた。

犬同士の誠実さを示す行動はまぎれもなく存在する。多車線の高速道路を猛スピードで走り抜けていくトラックや車を撮影したチリのビデオでは、道路の中央に一頭の犬が横たわっている。体はピクリとも動かない。車に轢《ひ》かれたらしく、一命はとりとめてもかなりの重傷であるのは明らかだ。すると画面に別の犬が現れる。

車が激しく行き交うなか、意を決したように倒れた犬ににじり寄っていく。大きな犬ではないが、ただならぬ決意が伝わる。右往左往しながら近づき、動こうとしない仲間のもとになんとかたどり着くことができた。かたわらを猛スピードで車が過ぎていく高速道路で、犬は倒れた仲間を引きずり中央分離帯のほうに向かう。だが、救助のために作業員が近づいたそのとき、突然ビデオは終わってしまう。

ビデオの解説はスペイン語だが、なにが起きたかまちがえようはないだろう。身の危険も顧みず、仲間を助けようとする犬。新聞の続報では、事故にあった犬は絶命しており、もう一頭はその場を逃げ去ったとある。

もう一度考えてみよう。ハチと上野教授の場合と同様、この犬が仲間の死を悲しんでいたかどうかはわからない。ビデオでは話の流れや前後の情況がわからないという違いもある。二頭は長く親しんだ友だちだったのか、あるいは肉親だったのか。それはだれにもわからない。助けに向かった犬の行方は知れず、この犬を引き取りたいと願った人には残念な結果になった。とはいえ、ある新聞が書いていたように、このビデオが公開されるや、「世界中が絶賛」する反響が勇気ある犬に寄せられた。犬がどれほどの深い愛情を抱く動物なのか、この出来事は、それを何百万という人たちにあらためて知ってもらう格好の機会となったのではないだろうか。

同じ交通事故でも、幸運な結末を迎えた例をスタンレー・コレンが雑誌モダンドッグで紹介している(この雑誌の表紙には「現代を生きる犬とその仲間のためのライフスタイルマガジン」というキャッチフレーズが印刷されている)。同じ家に飼われているラブラドール・レトリバーのミッキーとチワワのパーシーは本当に仲がよかった。年はミッキーがうえで、体の大きさもまったく違った。ある日、道路に走り出たパーシーが車に轢かれる。遺骸を前に、泣くだけ泣いた飼い主一家は亡きがらを袋に入れると自宅の敷地に埋葬した。ミッキーもパーシーの死を心から悲しんでいるようだった。家族が寝ついたあとも、ミッキーだけは墓の前に残った。

しばらくして、この家の父親が奇妙な物音で目を覚ます。音は家の外から聞こえてくるようだ。犬の鳴き声かと思った。正体を確かめようと表に出ると、パーシーの墓は掘り返され、遺骸を入れた袋はからっぽだ。目をこらすと、ミッキーはパーシーの顔を必死になめつづけ、鼻先でパーシーの体を押している。パーシーの息を吹き返そうとミッキーは一心不乱だ。ミッキーのそんな試みが父親にはむだにしか思えなかった。だが次の瞬間、その思いは消し飛ぶ。チワワの体がピクリと動いて、パーシーは頭をもたげた。そして、パーシーが弱々しく鳴き声をもらすのを父親は目をむいたまま見つめていた。

ミッキーのするどい聴力は、息を吹き返したパーシーが地面の下でたてる物音をとらえたのだろう。その音は、一家の父親はもちろん、人間の耳に聞こえるようなものではなかった。あるいは、犬に授けられた伝説的な嗅覚のおかげで、ミッキーはパーシーの生存をかぎつけたのだろう。しかし、どんな能力がかかわっていようが、ミッキーの愛と忠誠心だけはこの救出劇の説明から割り引くことはできない。小さな友人に対して、ミッキーが深い絆を感じていなければ、そもそもパーシーの墓の前で寝ずの番など務めておらず、無我夢中で掘り起こすこともなかったはずだ。そして、ミッキーがいなければ、パーシーはやがて窒息して今度はまちがいなく死んでいた。

仲間に向けられる深い関心

チリの犬やミッキーが見せた人間顔負けの行いはきわめて珍しい。とはいえ、こうした報告は、犬の悲しみは喜怒哀楽を感じる能力に根差していることを示唆している。二頭の犬がいて、ともにいられることを喜び、相手のいどころや行動、機嫌にこまやかな注意を向けている場合、そのような二頭ならどちらかに死なれたとき、残された側が悲しみに沈む条件がととのう。

犬の嘆きに関する科学研究は、ほとんど手つかずのままだ。しかし、認知面から調べようとする最新研究の流れは、犬は周囲の存在に信じられないほど敏感だという考えを支持する。心理学者のブライアン・ヘエアとマイケル・トマセロは、人間の動作を理解する能力について、飼い犬はチンパンジーをうわまわることを一連の実験で明らかにした。

ふたりの実験は見事なほどシンプルで、まず不透明な容器を用意し、そのひとつに犬の好物やおもちゃを隠しておく。そして、これらが入っている容器に指をさしたり、めくばせしたりする。この実験のポイントは、好物を手に入れるため、犬は人間のこうしたしぐさを理解し、正解の容器にまっすぐたどりつけるかどうかだ。

人間を相手にこの実験をするなら年齢は生後十四か月以上。それなら全問正解だ。飼い犬も同じで、正解の容器にまっすぐ向かって好物を口にした。仕掛けを複雑にしてもうまくいった。容器から一メートル離れ、両腕を広げたまま一方の手で指示したり、正しい容器を示しながら、実験者が別の方向に移動したりしても、犬は正しい容器を選んでいた。

この実験では、チンパンジーは犬の足もとにもおよばない。人間以外の動物が実験で成功するカギは、少なくとも知力そのものに関係せず、そのかわり、人とのあいだに結ばれた長期にわたる協調性にどうやら秘密があるようなのだ。犬は、家畜化の歴史を通じて、人間という仲間の行動にどんな意味があるか、それを広い範囲にわたって読み取るトレーニングを重ねてきた。

遺伝子科学と考古学の共同研究で、犬と人間のつきあいは一万年以上、おそらくは一万五〇〇〇年近くにおよぶ事実が明らかになっている。家畜化された犬が登場するのは、中国あるいは中東らしいが、先史時代にはヨーロッパやアフリカ中に広がっていたようだ。ベーリング海峡を越え、北アメリカへと移り住んだ人類も犬を仲間として連れていた。

家畜化に始まる犬と人との絶妙な関係は、犬同士の関係そのものにも影響を与えた。いうまでもなく犬はオオカミから進化した生きものだが、オオカミにはきわめて統率のとれた群れ社会を営む傾向がある。こうした生来の性質と社会性が重なり、きわめて強い影響を犬におよぼしている。この点について、ヘエアとトマセロの研究結果は刺激に富んでいる。さきほどの実験で、犬は人間の合図ばかりか、ほかの犬が寄こしている合図にも同様の反応を示したというのだ。

犬がどうやって容器を教えていたのか、その点はわたしにもよくわからないが、肝心な点ははっきりしている。犬は自分以外の犬に対して、信じられないほど注意を向けているのである。ヘエアとトマセロのような実験で見落とされがちなのは、こうした仲間に対する鋭い注意に織り込まれているであろう感情である。

悲しみを乗り越えられなかった犬

仲間の死を悼む犬の話はわたしもよく耳にするが、そうした話を煎じつめると、三つの際だった特質が浮かび上がってくる――愛と忠誠心、そして聡明さである。そして、こうした話をする人たちは、愛犬を失い、残された別の飼い犬の心の状態を気に病む場合が少なくなかった。じつは、わたしの親戚もその例外ではなかった。

コニー・ホスキンソンが、絹のような毛並みの小さなテリアと暮らしはじめて十六年がすぎた。犬の名前はシドニー、バージニア州郊外にある自宅近くを、シドニーを連れて毎朝一時間ほど散歩するのはコニーの日課で、道すがら、近所の人や友人とあいさつを交わしていた。けれど、家に戻るとシドニーはコニーの夫、ジョージのそばから離れようとしない。

ジョージが病を得ると、主人に対するシドニーの献身はいよいよ深くなった。最期を迎えるころになると、ジョージはソファやベッドで横になるばかりで体を起こすのも容易ではなかった。シドニーはそんな主人のそばから離れようとしなかった。好きなおもちゃは自分でジョージの膝に置く。昼寝もジョージに合わせ、ふたりは体を丸めていっしょに眠った。トイレに立つときも主人のあとにしたがう。用をたしたジョージがベッドに落ち着くまで、シドニーは先に横になろうとはしなかった。

ジョージが亡くなった。シドニーにとって、これまで遭遇した変化のなかでも本当に厳しいものだった。もちろん、それは妻のコニーにとっても変わりはない。「ジョージが亡くなるまでの一年、シドニーはとくにわたしと深くかかわったわけではなかった。でも、ジョージが死ぬと、シドニーは本当にわたしの犬になったのよ」。

シドニーの元気ぶりはコニーに大きな喜びをもたらした。夫妻に飼われたころ、シドニーはピアノ用のスツールに乗ってよく鍵盤をたたいた。だれかがピアノを弾くと、曲に合わせて歌うように声をあげていた。ジョージが死ぬと、シドニーはコニーの様子に目ざとくなる。悲しくて泣きそうになると、顔を両手で覆うのはコニーの癖。コニーが顔を覆おうとすると、シドニーは決まってその手を押し下げ、心配そうにしていた。

シドニーが十三歳のとき、コニーは二匹目の犬を飼いはじめる。マルチーズの成犬

シドニー（左）とエンジェル（photo by CONSTANCE B.HOSKINSON）

でエンジェルと名づけた。エンジェルの登場でシドニーの生活はふたたび変化を迎える。新しい友人といっしょになれたのをだれより喜んだのがシドニー。本当にうれしかったらしく、コニーといっしょに寝ていたベッドを抜け出し、エンジェルが眠るキッチンに寝場所を移してしまう。シドニーのベッドは青、エンジェルはピンク、ふたりは隣り合って眠った。こうして三年の年月がすぎていった。

だが、エンジェルは心臓発作であっけなく死ぬ。コニーは心底おろおろしたが、埋葬を手伝ってもらうため、近所の人がくるのを待つしかなかった。亡きがらは小さなピンクのベッドに戻しておいた。シドニーはエンジェルのベッドに潜り込み、エンジェルの冷たい体に顔を埋めてじっとしていた。

埋葬はその日のうちに終えた。それから三週間、シドニーはエンジェルを求めて家のなかを探していたが、コニーは一度、ランドリールームにいる姿を目にしている。予備スペースには洗濯をするため、エンジェルのベッドが置かれていた。そのベッドがひっくり返っている。どうやらエンジェルを探していたらしい。シドニーは食欲をなくしていた。この三週間というもの、ますますひどくなっていく。獣医にも相談し、注意を怠らないようコニーも気にかけ、シドニーの好物ばかりを並べたが、それでもシドニーは体重を落としていくばかりだった。シドニーがやせ細るにつれて、コニーの心配はますます膨らんだ。

シドニーはコニーのベッドで眠るようになった。エンジェルがくる前の生活がふたたび始まろうとしていた。だが、ある日の朝、コニーが起きるとシドニーはすでに冷たくなっていた。夜のあいだに息をひきとったらしい。エンジェルをなくした悲しみをシドニーはどうしても乗り越えられなかった、コニーはいまでもそう考えている。

シドニーがいなくなり、ひとりで散歩に出た朝をコニーは思い出す。十六年ぶりのひとりの散歩。「歩いているとね、近所のご主人が表に出てきて、両腕を差し出してくれるの。わたしがなぜひとりなのか気づいたのね。シドニーは本当にいなくなったと、このときつくづくそう感じたわ」。

ペットの犬が死んだ直後、残されたもう一頭が嘆く姿を目にするのは、飼い主にとってみれば二重の痛手になりかねない。インターネットの掲示板には、意気消沈した飼い犬をどうにかして助けたいという悲痛な相談が書き込まれている。ジンジャーという名前の十八歳になるダックスフントを飼っていた女性は、獣医のすすめでジンジャーに安楽死を迎えさせたが、十四年間ともにすごしたあとでは激しいペットロスを免れなかった。

この女性の場合、残された八歳になるもう一頭がシドニーと非常に似た状態となり、しかも衰弱していたことで事態はさらにつらかった。ハイジという名前のその犬は、生まれて六週目にジンジャーといっしょに暮らしはじめた。ハイジはどうしてもエサを食べようとしない。睡眠障害も深刻だ。「二頭はいつもいっしょに食事をして、好きなおやつも同じでした。ハイジも、好物ならまだ少しは興味を示すのですが」。この女性も助けを求めている。どうすれば、ハイジの嘆きをやわらげてあげることができるのだろう。

この種の質問に答えようと、モダンドッグ誌には飼い主向けのヒントが掲載されていて、こうしたヒントは、ミッキーとパーシーを紹介した記事などを補足するような扱いだ。アメリカ動物虐待防止協会（ASPCA）の「コンパニオンアニマル・モーニング・プロジェクト」の調査では、いっしょに飼う犬の一方が死亡した場合、残された犬の三分の二に、行動面でさまざまな変化が現れたと報告されている。こうした変化は、半年にわたって続く場合もあるらしい。

食欲減退や無気力、さらに落ち着きを失って、まとわりつくなどの不安行動、これらはいずれも飼い主には見すごしにできない重要な兆候だ。消沈した犬には定期的な運動、玩具やおやつを変える、日々の運動に新しいトレーニングを加えて変化させ、あるいはトレーニング内容を見直してみるのも役に立つ。記事のなかでは、症状が激しい場合、抗うつ剤のエラビルやプロザックの投与が必要になるケースもあると示唆されている。

犬には予知能力があるのか

犬というきわめて繊細な感情をもつ動物をよくよく観察していると、科学の本筋からは脱線してしまうが、「ひょっとしたら」という疑問が頭をもたげる。犬は愛する仲間の死を勘づいているばかりか、ひょっとしたらその死がいつ訪れるかまでわかっているのではないのかと思えてくる。犬好きの人なら、ふだんは「だったらちゃんとした証拠」と口にする理性的なタイプから、自分の感性に重きをおくニューエイジ流の精神世界を尊ぶタイプもこの点では大差がない。

数年前の話だが、出演していたラジオ番組でリスナーから電話を受けたことがある。受話器の向こうの女性が言うには、自分はダックスフントを飼っているが、ある晩、その犬がすっかり落ち着きをなくした。鳴き声も様子もふだんとは違う。翌朝、女性はダックスフントが産んだ子犬が死んだという電話を受けた。子犬はよその家にもらわれていたが、息をひきとったのがまさに前夜のことだった。

犬がその夜に見せたいつもと異なる様子は、自分が産んだ子犬の死をなんらかの方法で感じたからだという説明は成り立つのだろうか。そうだとすると、では、このダックスフントはどうやってその死を知ったのか。テレパシー（この能力について、わたしは懐疑派の立場を断じて譲るつもりはない）のようなたぐいのものなのだろうか。母犬は自分の子はもちろん、子犬の死を知る人間と接触することもなかった。

ここで異論、反論が渦巻く領域にあえて一歩を踏み出そう。本当に驚くほど多くの人たちが声をそろえて唱えている説がある。犬のなかには〝予知能力〟に似た力をもつものがいて、飼い主が仕事から帰ってくる時間、あるいは旅先からいつ家路につくかをきわめて正確に予言する（すなわち興奮して騒ぐ）というのだ。その主張によれば、この予知は主人の予期せぬ帰宅、不規則な帰宅時間についてもどんぴしゃりとあたるらしい。

研究者のルパート・シェルドレイクが撮影したビデオには、飼い主が遠く離れた場所から帰路につくと、飼い犬もその帰宅にあわせ、実際にそわそわしはじめた様子が映されている。一台のカメラはパット・スマートというイギリス人女性を追い、もう一台はスマートの飼い犬、ジョイティーの行動を記録していた。スマートが訪問先を引き払って帰路につく時間はシェルドレイクのスタッフによって意図的に調整され、またジョイティーの行動に影響を与える可能性のあるものはつぶさにコントロールされていたので、ジョイティーにうかがえる反応は、スマートの帰宅に関して、この犬の意識がどのように変化しているかを示唆していることになる。そして、ジョイティーの注意力のレベルは急速に変化し、窓のほうに移動すると、そこからスマートの姿を探しはじめていた（詳細な分析については拙書『動物たちとともに』〈*Being With Animals*〉の第9章を参照）。

ただ、この手の証拠を突きつけられても、わたし自身は警戒心をゆるめない。どうして素直に信じられないのか。それは、科学者というものは、こうした話をやすやす受け入れてしまう習慣にあまり恵まれていないからなのだ。この手の話は、動物の超感覚的知覚（ＥＳＰ）に似た概念に不快感を覚えるほど安易に寄りかかっている。もっと多くの犬を対象に、厳密にコントロールされた調査が不可欠であり、そして、実験対象も犬だけにとどめてはならない。

猫のオスカーは、ロードアイランドにある老人ホームの入所者たちがいつ最期の日を迎えるか、それを予知するといわれている。病に伏せる老人のベッドでオスカーが丸くなって寝ていると、ホームのスタッフは老人の家に電話をして、最愛の家族に死が迫っていると伝える――なぜそんな連絡ができるのか。オスカーの予言はそれほど信頼できるからである。デビッド・ドーサは、オスカーのことをはじめて文章にしてニューイングランド・ジャーナル・オブ・メディスン誌に寄稿した医師だが、その後、あまり例を見ないこの現象については本も書いている。

ホームで暮らす人たちの年齢や健康状態を考えれば、オスカーもひとりの入所者だけに注意を集中させるのは難しい場合も時にはある。ふたりの老人がほぼ同時に最期を迎えようという場合、オスカーは最初の老人が息をひきとるまで立ち会い、それから次の老人のもとへと急いでいく。ひとりの遺体に長々と居残るような習慣はオスカーにはうかがえない。故人のかたわらに猫がいるのは遺族にある安らぎを感じさせるが、オスカーのこうした行動は哀悼を表すためではなく、近いうちに訪れるであろう死を探ることに重きが置かれている。

オスカーの例でもはっきりわかるように、身近に飼われているペットで鋭い感受性を示す動物は犬だけではない。オスカーがなぜ死を予告できるのかについて、ケトンと呼ばれる分子が関連しているのではないかとわたしが考えるのは、末期を迎えた人体からはケトンが放出され、オスカーはそのにおいに反応しているからなのだろう。だが、こうした生理的な説明を試みても、オスカーがまれに見る猫だという事実を損ねるものではない。その鼻は並はずれたものではなかったにしても、オスカーはかわりに、自分がかいだにおいに対して、ほかの猫には見られないきわめて独特なスタイルで反応している。

棺の前にうずくまる犬

犬の悲しみに始まったここまでの寄り道で、わたしたちの身近にいる動物がいかに周囲の出来事に対して鋭い注意を向けているかがあらためて浮き彫りになった。とはいえ、猫という猫がオスカーほど賢いわけではないし、仲間の死に直面した犬のすべてが心をいためているわけではない。ある現象がまぎれもなく存在するからといって、万事につけてその基準に当てはめて考えるという罠にとらわれてはならない。わたしが言いたいのは、仲間の死を悼む犬がいると信じたいがために、犬のすべてが仲間の死を悲しむものだと決めつけてはならないということだ。

犬の悲しみをテーマにしたインターネットの別の掲示板があり、そのなかにわたしの興味を引く書き込みがあった。犬の行動に関する個体差がじつにうまく説明されていた。

飼い犬Aの安楽死が避けられなくなったとき、わたしは獣医のところに飼い犬Bを連れていって、この犬の一番の友だちの遺体に別れをつげる機会を設けた。だが、Bはさっぱり関心を示さない。犬の気持ちをあまりにも人間になぞって考えた自分が、いささかばかばかしくなった。Bが死というものを了解したかどうかまったくわからないどころか、Bには死というものが皆目見当もつかないのではないか。獣医のところでBが見ていたのは、Bにとっては生涯の友人ではなく、Bがこれまで見たこともない物体だった。

たしかに、犬のなかには、目の前の死体と、愛する仲間の生前の姿とを結びつける賢さを単にもちあわせていないものがいるかもしれない。しかし、この考えに対してわたしは懐疑的だ。犬BはAが死んだことに気がつき、死体についてもAだと認めていたうえで、それにもかかわらず遺体に関心を示さなかったのかもしれない。

実際、Bについて飼い主はこんなコメントを書き込んでいる。二頭のときよりも、一頭で飼われているほうがBは喜んでいるようだ。Aが死んだことで訪れた新しい情況は、自分に向けられる関心が高まること、生活がこれまで以上に快適になることを意味する。Bにとっては A の死よりも、その結果、自分はどうなるのかという点がはるかに重要だった。

BがAの死を意識していたのかどうかはともかく、ゾウからチンパンジー、バイソンまで——動物のなかには、死体の意味を理解し、相手が変わりはてた姿になっても、それがかつて命にあふれていた自分の仲間だとはっきりと認められるものが存在する。その事実をはっきりと示す、信頼するにたる目撃証言もある。これについてはのちほど紹介していくことにしよう。

この章の最後に、一頭のラブラドール・レトリバーの様子をとらえた写真と、それについて触れた話を紹介しておきたい。きわめて説得力に富む話であり、死にみまわれたとき、犬という動物がどのように仲間との心の絆をつなごうとするのか、それを考えさせずにはおかない。

二〇一一年夏、アフガニスタンに駐留するアメリカ軍の三十名の兵士がタリバンの攻撃を受けて戦死した。輸送用ヘリコプターがロケット弾で撃墜されたのだが、悲劇のさなかホークアイという一頭の犬の姿がアメリカ中の注目を集めた。ホークアイは海軍特殊部隊SEALに所属する三十五歳のジョン・タミルソンが飼っていた犬で、タミルソンもまたこの攻撃で死亡した兵士のひとりだった。タミルソンの生涯のうち、その何年間かはホークアイがいつもいっしょにいた。

タミルソンの葬儀はアイオワ州ロックフォードの講堂で営まれ、その日一五〇〇人もの人たちが参列したが、そのなかにホークアイの姿もあった。ホークアイが遺族を先導し、星条旗でおおわれたタミルソンの棺へと案内した。そして、親友が弔辞を読もうと立ち上がったとき、ホークアイはだれもが予想もしなかった行動に出た。親友といっしょに講堂の正面へと進み出ると、タミルソンが眠る棺の前の床に横たわってしまったのである。葬儀が終わるまでホークアイはじっとそのままでいた。張りつめた瞬間をとらえた写真が残されている。タミルソンの棺の前から立ち去ろうともせず、ホークアイはじっとうずくまっていた。

なぜこの犬が棺の正面という場所を選んだのか、たぶん懐疑派はそれについて別の仮説をもちだしてくるだろう。「たまたまの偶然だろう」「くつろぐには一番の場所だった」「棺のなかの遺体が最愛の飼い主だったと理解できるはずはない」。

もう一度寄り道をしよう。こんな反論は避けて通りたい。わたしは別の考え方をしているのだ。つまり、八十年前の日本に生きた一頭の犬の行動にさかのぼりながら、犬が抱く愛や忠誠、認知といったすべての文脈にしたがって、ジョン・タミルソンという飼い主に向けられたホークアイの愛情について思いをめぐらせている。この道をたどることで、わたしはある結論にいたったが、その考えにまちがいないはずだ。つまり、棺に眠るのが飼い主のタミルソンであるのかどうか――ホークアイがそれを理解しているかどうかは、じつはこの犬の悲しみを知るうえでカギとなる問題ではないのである。それはほかの犬が抱く悲しみについても変わりはない。

人間であろうと仲間の犬であろうと、その死を犬が心から嘆いているとしたら、相手を愛していたがゆえに犬は深い悲しみに沈んでいるのである。

第3章　農園の嘆き——馬・ヤギ

ストームウォーニング（暴風雨警報）は本当にすばらしいサラブレッドだった。ただ、気むずかしい馬で、とにかくいろいろなものに脅えた。コウモリ傘、自転車、子犬、ポニー、はては自分の背中に乗るとき、身なりを変えた人間の姿にもびくついた。愛称はストーム。ストームはいささか神経質すぎる馬だった。

けれど、ある意味でストームは運がよかった。十五年間、とくに仲よくつきあったメアリー・ステイプルトンは偶然にも心理学者だった。メアリーはもちまえの洞察力と来談者の心を静める技量をストームに応用した。パドックでの乗馬では、馬とその乗り手として双方で意地を張ったが、ストームの恐怖をどう克服しようかという問題にはメアリーも馬もいっしょに取り組んだ。メアリーの言葉を借りると、ストームは「大いなる勇気をもって立ち向かい、おのれの恐怖を正視するすべを学んだ」という。

だが、ある晩、突然の悲劇が十八歳のストームを見舞う。事件はストームと仲間の馬の群れが暮らす牧場で起きた。牧場でなんらかのアクシデントに遭遇したのはまちがいなかった。翌朝、重傷を負ったストームが発見された。調べると、うしろ脚は複雑骨折、症状は重く、手当てをしても回復は望めそうにない。結局、ストームは幸福な日々をすごしたこの牧場で安楽死を迎えた。亡きがらは、息をひきとった牧場のまさにその場所に埋葬された。

「馬を知っている人にはわかるけれど」とメアリーは言う。飼われていた牧場で、馬が埋葬される例はあまりない。そのことでメアリーは、いまでも農場の主人に感謝している。

ストームが息をひきとった日の午後、メアリーはストームが眠る場所へひとり歩いていった。大きな塚が築かれていた。塚の前にメアリーはストームが好物にしていた花をたむけた。そのときだ。「自分の周囲で馬が草を食《は》んでいる気配がした」という。

「馬がいっしょだといつも心は休まる。目をあげると、お墓のまわりに六頭の馬がいた。食べおえると、やがてどの馬もお墓のほうをじっと見ていた。そのときになってハッとした。馬とわたしがいっしょになって、お墓を丸く囲むようにして立っていたの」。

メアリーは奇妙な思いがした。だからなおのこと囲んでいる馬の正体を知りたいと考えた。囲んでいたのはストームと同じ群れの雄馬だった。馬は頭を垂れて立っていたが、それは正面にあるものを見すえているのを意味する。「頭を高々とあげているのは、ずっと遠くを見渡しているとき。けれど、ストームの群れの馬は、お墓をまっすぐ見つめる角度でそこにいた」。近くにも馬はいたが、牧場にきてまだ日が浅く、群れも別であり、そうした馬は円陣に加わっていない。

円陣の馬は塚に置かれた花に見向きもしないし、馬が喜んで食べそうなものはメアリーももちあわせていなかった。なにが馬をここに引き寄せていたにせよ、それは食べ物への思いからではなかった。集まってきた馬は、そのまま通夜のようなまねを始めた。翌朝、メアリーがもう一度この場所を訪れたとき、馬はまだそのままでいた。慎重なメアリーだったので、馬のこうした行動はいろんなふうに解釈ができるとわきまえていた。そこで、「こう考えることにしたの。ストームは馬とわたしの双方にとって親友、親友をとむらうのだから、自分も仲間に入れてもらえたのね」。

馬たちの円陣が意味するもの

わたし自身、馬とはなじみが薄く、動物の感情生活の研究でもとくに馬は関係してこなかったが、メアリーが語ってくれた話はとても刺激に満ちていた。馬に詳しい人たちには、ストームの仲間が示した反応、つまり円陣をつくり、喪に服するような行動は、とくに目新しいものではないことをわたしはまもなく知った。

ジャネール・ヘリングは、かつてコロラドの山間部で牧場を営み、二十頭から三十頭の馬を飼っていた。ある朝のことだ。いつもなら食事のために囲いに集まってくる馬たちが、その日にかぎって姿を見せない。雌馬が夜中に子どもを産み落としたが、生まれた子馬には立って歩く力がなかった。「残った馬は母子を中心にその場で円陣を組んでいたけれど、わたしたちでさえそばに近づかせてもらえなかった。前に立ちはだかって壁をつくり、むこうに追いやろうとしても、言うことなど全然聞こうともしなかった」。

この壁はそもそも防御のためにある。コロラド州のこのあたりにはマウンテンライオン、クマ、コヨーテが生息しており、馬は猛獣の襲撃を恐れ、神経を張りつめて警戒にあたっていたのだろう。だが、人間の存在ははっきり認めていたらしい。母子ともに運べる運搬車を用意すると、警戒の壁はとかれ、子馬にもきちんとした処置を施すことができた。二頭を乗せて納屋に戻る途中、ほかの馬は車のあとにつきしたがっていた。

子馬は保護され、幸いにも悲劇に終わることはなかった。ただ、コロラドの馬の円陣はストームのときとはまったく性質が異なるものだ。コロラドでは、馬はかたときもじっとしていなかった。時計まわりに走る馬、それとは反対の方向に走り回る馬がいた。「早足の馬、ぐるぐると走る馬、地面を蹴ったり、全速で走ったりと、ひづめの音が入り乱れていた」とヘリングは記憶しているが、あの囲みを破ることなど、人間はもちろん、猛獣であってもできるものではない。

防御に徹したこの円陣は、ストームの仲間の馬が築いた円陣について、別の解釈ができることを暗示していると考えることもできるだろう。おそらく、ストームの仲間の馬は、できたばかりの塚とストームのあいだになんらかの関係があるはずだと察し、円陣を組むことでこの場所、ひいてはストームの身を守ろうとしていたのではないのか。それとも、仲間はストームがふたたび現れるとでも考えていたのか。あるいは、その死をとむらうために塚のまわりを囲んでいたのだろうか。

ストームの仲間がどんな思いを抱いていたのかという疑問については、円陣を組んだという事実だけからはなにもわからない。しかし、ストームをめぐるこのエピソードは、否定派や懐疑派に反論する際には役に立つ。馬もまた仲間の死を悲しんでいるという解釈に、否定派はこんなふうに主張する。馬は悲しんでなどおらず、群れから切り離され、群れの精神的シンボルともいう一頭から離れればなれになり、その結果、不安を訴えていたのにすぎない。

懐疑派のこんな見方からすれば、「深い悲しみ」という表現はおおげさすぎるという主張になる。馬は不安な状態に置かれたことに反応しているだけで、この不安は群れて生きる馬という動物が一頭で取り残されたときについてまわる。しかし、「群れの心理」という説では、ストームの死後に起きた出来事を説明できない。残された馬は特定の配置でそれぞれ身を置き、とりたてて興奮した様子は素振りからうかがえなかった。それにストームを除けば、仲間の馬はケガひとつ負っていない。脅える理由はまったくないのだ。仲間がどんな思いを抱いていたのか正確に知ることはできないが、なにか尋常ではないこと、ただの不安ではかたづけられないなにかが馬に起こっていたのはまちがいないだろう。

仲間の遺体に対面させる

ケニス・マーセラが雑誌サラブレッド・タイムズに死を悼む馬の話を書いたときのことだ。記事に対して、読者からこんな話が寄せられた。自分のところにいる雌の子馬が、やはり仲間のサラブレッドに先立たれるという経験をした。死んだのはシルバーという雄馬で、突然のことだったため、子馬はシルバーの死体を目にした。埋葬のあいだ、子馬は牧場のすみに連れていかれた。だが、埋葬が済んだあとだった。子馬は死体が埋められた塚のうえに立ち、前脚で地面を掘りはじめたのだ。エサにも仲間の馬にも関心を示さず、子馬はあたりが暗くなると毎日ここにきて、せかされるように土をかきつづけた。とりつかれたようなその行動は二週間ほど続いた。

子馬が示したこの行動に、動物行動学は理解の糸口を与えられるだろうか。マーセラは記事のなかで次のように書いている。

ここ十五年というもの、馬の寿命は延び続けている。それは仲間と親密にすごす時間の急増を意味しており、長年連れ添った親友に先立たれると、それが引き金になって直後にうつ病を患う馬が現れるようになった。トニーとポップという馬がそうだった。二頭とも使役馬として長く働き、引退後にふたたび出会う。それからというもの二頭はいつもいっしょにいたが、ポップが死ぬとトニーはとたんに食欲をなくした。まわりの馬には興味を示そうとしない。本当にだるそうで、体力もほとんどなくして関節炎は一気に悪化した。

こうした状態におちいると、馬の世界ではうつ病だと診断され、それに応じた治療が始まる。抗不安剤のバリウムが投与され、さらに注意が必要だ。うつ病は疝痛《せんつう》、つまり腹部に激しいさしこみを引き起こすので、仲間の死を悲しむどころか、当の馬自身が病気に倒れ、うつ状態もいよいよ深刻さを増して最悪の事態にいたることもある。

こんな場合、新しい仲間と引き合わせてやるのが救いになるのは、ほかの動物でも紹介したとおりだ。サラブレッド・タイムズ誌には、読者の話として、二十三年のあいだ同じ草を食んだ仲間に死なれた馬の話が紹介されている。残されたこの馬は、二頭がいつもいっしょにいた大好きな木の下に二週間たたずみ、やはり食べ物を口にしなかった。そのころ牧場に、子馬を産み落とすとそのまま息を引き取った雌馬がいた。残された子馬の面倒を見たのがこの馬で、その世話を通してやがてこの馬自身も回復をはかることができたという。

わたしは馬とじかに触れあった経験はほとんどなく、美しくて賢い動物だとほめるだけにとどまる。小学四年生のときの遠足で、馬の背に乗れたのはいいがそのまま落下。地球にたどりつくまでの時間がなんとも長かったことか。永遠に思われたこの瞬間はいまでもまざまざと覚えている。だから、たじろぐような馬の大きさ、力強さにわたしはいまも圧倒されたままでいる。

馬の悲しみを受けとめ、やわらげようとしている大勢の人にもわたしは賞賛を惜しまない。マーセラは、馬それぞれで悲しみにくれる姿は異なるものだと訴えるが、それは動物行動学の最新の研究と一致する。仲間に先立たれたからといって、すべての馬が嘆き悲しむわけではない。馬が示す一連の反応は、猫や犬、そのほかの動物たちと同じように、きわめて激しいうつ状態におちいるケースから、関心などまったく示さないものまでとさまざまなのだ。

お腹を痛めて産んだ子馬の死を目の当たりにして、声を張りあげ、不安げに動きまわる母馬がいる一方で、まったく反応を示さない母馬がいる。哺乳類の母と子は強い絆で結ばれていると考えていただけに、自分の子どもの死に平然としていられる雌がいることを知ってわたしもはじめはびっくりした。けれど、考えてみればそれは自分が研究する動物たちも同じだ。

ジェーン・グドールは、チンパンジーの研究を通して、科学者が考える母性行動の幅を広げてきた。子どもの面倒をよく見て、育児能力の高いチンパンジーの母親のかたわらに、自分の子どもであろうと関心などまったく示さず、子育てを放り出すような母親が、人間にきわめて近いとされるこの種にも存在している——人という種も実際はその例外ではないのだけれど——それなら、ほかの動物が育児を放棄しても不思議ではない。それと同時に、死んでしまったわが子には無関心でも、子どもが元気に生きており、母親の関心を強く刺激できた状態にあれば、母親も熱心に子育てにかかわっていた可能性がある。

馬の行動学に詳しい専門家の話では、馬にはひとつの決まったパターンが見られるという。マーセラもまた、「仲間の遺体と対面する機会を設けると、馬の多くは鳴き声をあげることが少なくなり、不安もおさまって、平常な状態にすみやかに戻れる」と書いている。死んだ仲間の姿を生き残った馬に見せるのは、そうすることで、残された馬が情況を受け入れるサポートができるからなのだ。

馬の悲しみに関する科学的な調査や研究をこれまで以上に向上させるには、厳密で一貫性がある手法で集められた記録の積み重ねが不可欠である。研究に役立つのはやはり事例であり、しかもさまざまな結果を示唆する事例——仲間の遺体との対面が回復の手段となった馬から、たとえばさきほどの子馬のように、シルバーの遺体を目撃したあと、塚を脚でかきつづけたように、あるいはそうでない馬にいたるまでのさまざまな事例の積み重ねが必要なのだ。

遺体から離れていったヤギ

悲しみを刺激するリスクをおかしてまで、死んだ仲間の体を残された動物に見せるという試みは、馬ばかりか、いまではますます広範囲に行われている。動物園や農場、普通の家庭でも、動物の嘆きを理解し、その苦しみを少しでも軽くしてやりたいと願う人たちによってこの方法は用いられるようになったのだが、次に紹介する雌ヤギのマートルにも同じ手法が用いられた。

マートルはひと筋縄ではいかないヤギだった。コロラド州の農場に引き取られたが、なんども逃げ出しては隣家の敷地に忍びこんだ。そして、マートルが会いたいと心から願う相手は、近所では隣の農場にしかいなかった。その相手とはヤギとは似ても似つかない生きもの——馬だったのである。連れもどしても、そのたびにマートルは逃げ出す。頑固ぶりに人間のほうが音をあげ、それほど会いたい相手ならそこに、つまり隣家にいつづけてもいいと話がまとまる。

隣に住む馬の飼い主がジャネール・ヘリング。誕生直後の子馬を守るため、円陣を組んで馬が守った話をしてくれたあのヘリングだ。ヘリングはマートルに、馬だけではなく、ここで飼うヤギとも自由に会えるようにさせた。ヘリングは、この判断はひとりぼっちのマートルへの同情だけが理由ではないと教えてくれた。マートルの放浪癖にはいささか問題があったのだ。ヘリングが馬に乗って近所を回っていると、マートルも小走りであとを追ってきたが、車の往来を考えるとあまり安全とは言えない。ヘリングもブロンディーという名のヤギを引き取っていたので、マートルと引き合わせ、できれば二頭仲よく農場にとどまっていてほしかった。

目論見はうまくいった。マートルよりも四〜五歳は年上のブロンディーはふらふら出歩くこともなければ、農場の外へ逃げてもいかない。二頭はひと目で意気投合し、まもなくマートルの放浪癖はおさまった。ジャネールによると、ふたりはいつも二〇フィート（約六メートル）と離れたことはなく、時には寄り添っていることもあった。「もしも一頭で現れるようなら、それはもう一頭の身になにか起きたからにちがいなかった」。金網のフェンスに、頭やツノをからめとられたことが二頭ともなんどかあったのだ。こうなってはワイヤーカッターをもって駆けつけるしか方法がない。けれど、たいていの場合、二頭は草を食べたり、食べたものを反芻したり、あるいはいっしょに遊んでいるか昼寝をするかして、気持ちよさそうに終日すごしていた。

こんな様子で何年かがすぎたある秋の日、ブロンディーが病に倒れる。病状はまたたくまに悪化した。呼吸器の感染を抑えるためにペニシリン注射が打たれたが、そのかいもなくブロンディーは息をひきとる。死んだのは土曜日の明け方、獣医に解剖してもらうことに決めたので、遺体は週明けまで農場に置いておかれた。親友が突然姿を消して、マートルは嘆いた。「土曜日のその日一日、マートルは鳴き声をあげながら牧場を走り回っていた。聞いているこちらが恐ろしくなるような、本当にとりみだした声だった。ブロンディーを探して、なんども牧場を走り回り、二頭のお気に入りの場所もすべて探し回っていた」とヘリングは言う。

そこでヘリングが決めたのは、ブロンディーの遺体を眠っているように整え、その姿をきちんとマートルに見えるようにすることだった。これなら仲間があとかたもなく消えてしまっても、なにも知らないマートルが蚊帳の外にひとり取り残されたことにはならない。そして、この方法は少なくともある意味でうまくいった。遺体は生気なく地面に横たわっていたが、ひとたびその姿を目にすると、マートルの鳴き声はやみ、興奮した様子もたちまち鎮まった。

マートルはブロンディーの姿に目をこらし、鼻を寄せてにおいを確かめている。マートルはそのまま二十分近く遺体のかたわらにいつづけた。途中、小走りで水を飲みにいったが、すぐに戻ってくるとふたたびブロンディーのそばにたたずんでいた。遺体のもとを離れてはまた戻ってくる。そんなことが数時間にわたって繰り返された。「混乱しているのだ」とヘリングは思った。ふだんは元気な友人が、どうしてピクリとも動いてくれないのだろう。だが、遺体を離れている時間はだんだんと長くなり、戻ってきてもそばにいる時間は徐々に短くなっていく。

そして、ある時点がすぎると、マートルは馬の牧草地のほうへと向かっていった。ときおり遺体のそばに戻ってくる。だが、月曜日の朝、ブロンディーの体が運びだされるころまでには、もうこれという関心はマートルの様子からうかがえなかった。

仲間がいなくなったことに気がつき、マートルははじめ激しく動揺した。ヘリングがブロンディーの遺体をその目に触れるようにしたとき、マートルは強い関心を隠そうともせず、まるで磁石に引き寄せられたように遺体に近づいていった。だが、その関心もやがて消えた。そして、文字どおり、あらたな第一歩を歩み出すようにマートルはブロンディーの遺体から離れていった。おそらく、マートルは自分の思いにけじめをつけることができたのだろう。

動物のなかには、マートルよりもさらに悲しみに沈み、長引く苦痛にさいなまれるものがいるかもしれない。ヤギの感受性は、ある種の哺乳類の感受性ほど深いものでないにしても、わたしにはこうした嘆きのほうがマートルらしく、ことさら好ましいものに思えてくる。もちろん、マートルとはまた違った姿で悲しむヤギも存在する。悲しみ方は決して一様ではないことをマートルは思い出させてくれる。

マートルの喪失感がこれほど深かったのは、生い立ちが影響しているのではないのか、ヘリングはいまではそう考えている。マートルが幼いころ、馬を飼っている農家に引き取られる前の話だが、約一年のあいだマートルはたった一頭で（周囲に人間以外の動物がいないという意味で）生きていた。「ヤギは社交的な動物だけど、この件が原因でマートルは心に消えない傷を負っているのかもしれない」とヘリングは語った。

マートルが生まれてはじめて求めた絆は馬に向けられた。ブロンディーが亡くなり、遺体のかたわらでたたずむという経験をしたあと、仲間がほしいというマートルの願いはふたたび馬に向かった。心の安らぎがほしいという思いに、種の違いは断じて問題とならない。

希望を断たれたアヒル

ヤギ、豚、牛、それにニワトリやアヒルといった家禽など――農場に生きる動物に対して、これまでその個性や感情、あるいは内面生活にかかわる研究はまったく手つかずのままだった。けれど、エイミー・ハトコフの『家畜たちの心の世界』（*The Inner World of Farm Animals*）に書かれた話を読むと、じつに見事なかたちでこうした情況も変わりつつある。

ウッドストック・アニマル・サンクチュアリで、雌牛のデビーが倒れたときだった。

仲間の牛はデビーを取り囲むと、人間の注意を引くために必死になって鳴きつづけた。獣医がきて調べると、激しい痛みは深刻な関節炎のせいだとわかったが、残された手段は安楽死しかなかった。デビーが埋葬されると、墓のまわりには雌牛が集まって悲しげに鳴き続けた。

サンクチュアリの共同創立者、ジェニー・ブラウンは、デビーとの死別に遭遇した牛たちの様子を目の当たりにした。雌牛たちは墓のうえにうずくまったばかりか、雌牛という雌牛が「いっしょになって四〇〇エーカー（約一六二ヘクタール）はあるこの土地のどこかに行ったまま、それから二日間戻ってくることはなかった。エサはどうでもよかったらしい。こんな反応を示すなど、考えてみたこともなかった。牛たちがそれほどおたがいを意識しているとも思えず、これほどの関係で結びついているとはわたしには思いもよらなかった」とブラウンは語っている。

ハトコフは豚のウィニーとバスターの話も書いている。二頭はニューヨーク州ワトキンズグレンのファーム・サンクチュアリに生まれ、子豚のころから本当に仲がよかった。五年後、バスターが死ぬと、残されたウィニーはひとりぼっちで、仲間の豚とつきあうこともないままやせ細っていった（もちろん、豚らしく丸々としたやつれ方で）。ウィニーが身も細る気持ちにさいなまれているのはだれにもわかった。ウィニーが一変したのは、ここに子豚の兄弟がやってきたときからだ。ウィニーは喜んだ。

子豚といっしょに飛びはね、ぐるぐる走りまわって遊びつづけた。夜は夜でいっしょに眠った。その様子はまさしくバスターと遊んだときと同じだったが、このときバスターの死からすでに二年がたっていた。

去年、わたしはファーム・サンクチュアリからフェスタという雌鶏を引き取った。フェスタは人目をひく黒いニワトリで、ブロンクスの公園でぶらぶらしているところを保護された。救出した担当者は、もしかしたらこのニワトリは、ブードゥー教の生け贄になるところを危うく逃れたのではないのかと考えた。界隈では以前もそれと思われるニワトリの死体が見つかっている。

それが事実かどうかはともかく、こうして宿なしのニワトリはわが家にやってくることになった。フェスタを引き取ったのは、裏庭で猫に遠慮しながら闊歩させたいと思ったからでなく、ファーム・サンクチュアリが負担する、世話に伴う経費をいくばくかは援助したいという思いからだった。

カリフォルニア州にはさらに二か所のファーム・サンクチュアリの施設がある。大切な使命を帯びた組織として家畜の保護を行い、動物の幸福に関してこれまでにない発想で考えることを提唱している。農場に生きる家畜は「単なる物ではなくて、生きている者」。最近のキャンペーンでそんなふうに訴えていた。「猫や犬と同じように、農場で生きる動物も個性や好奇心をもつことを、わたしたちは自分の体験としてお話しできます」と、ウエブサイトにはそんなコメントが載っている。

すでに見たように、動物もまた〝生きている者〟だから、他者を愛し、その死を嘆いている。二〇〇六年、フォアグラをつくるために飼われていた三羽のムラードダックが保護され、ファーム・サンクチュアリに連れてこられた。フランス語の「フォアグラ」を訳せば「脂肪肝」、アヒルやガチョウの口にエサをむりやり押し込んでつくる食品で、強制給餌はアヒルに激しい苦痛をもたらす。三羽とも肝臓に異常代謝の兆候が現れ、すでに尋常ではない量の脂肪がたまっている様子だった。

　三羽のうちハーパーとコールと名づけられた二羽の雄は、ほかの部分にもひどい傷を負っていた。飼われていた農場では手当てもされないまま放っておかれたらしく、コールの骨折した両脚は無惨に変形していた。ハーパーは片方の目が見えなかった。二羽とも、人間にはこれ以上ない激しい恐怖を示したが、ただ、こんな情況でありながらひとつだけ救いだったのは、二羽がきわめて仲のいい友人になったことで、終日のほとんどを二羽はいっしょにすごした。

　心に深い傷を残したこれまでを考えれば、二羽がここで暮らした四年は幸福でもあり、思いもしない結末を迎えることにもなった。コールの脚がこれ以上動かなくなったとき、痛みをすみやかに取り除くには安楽死しかなかった。処置は納屋のすぐ外で行われた。ハーパーはその様子をじっと見ていた。すべてが終わるとコールは納屋に敷かれた藁のうえに寝かされた。ハーパーはその姿を目にしていた。最初のうち、ハーパーはいつもの調子でなにかを伝えようとした。しかし、コールから返事はない。身をかがめて頭でコールの体を小突きはじめた。じっとコールの顔をのぞきこんでは小突く。もう一度相手の様子をうかがって小突いたあと、ハーパーは体をコールのそばに横たえた。頭と首をコールの首に押し当てたまま、じっと何時間もそうしていた。

ようやくハーパーが体を起こしたので、やっと亡きがらを運び出すことができた。それからしばらくのあいだ、ハーパーはコールといっしょに行ったお気に入りの場所に毎日通った。そばには小さな池があり、ハーパーはここでいつもじっとしていた。仲よくなれるかもしれないと思い、別のアヒルと引き合わせることも考えたが、それができなかったのは、コールがいなくなり、ハーパーは以前にも増して人間を恐れるようになっていたからである。スタッフにはそれがとりわけ悲しかった。ハーパーは生きる希望を失っている。ここで働く者はだれもがそう考えた。

それから二か月して、ハーパーもまた息をひきとった。

『愛したがゆえに悲しみは宿る』——もし、そんなテーマの本をつくるなら、表紙を飾るにふさわしいのは、まさにハーパーとコールだろう。

第4章　悲しみがうつを引き起こす――ウサギ

　ここ数年わが家では保護したウサギを二匹飼ってきた。一匹は雄でキャラメル色をした体も大きい長毛のアンゴラ種、もう一匹は短毛で白黒の小柄な雌のウサギ。名前はどうしようかと考え抜き、あげくに決まったのがキャラメルとオレオ《オレオ》だった。

　キャラメルは娘が通っていたモンテッソーリ教育が方針の学校で飼われていたウサギだ。この学校では自分が受ける授業なら子どもは自由に教室に出入りすることができたが、ケージに飼われるウサギにそんな自由があるわけもなく、狭いスペースでがまんするよりほかはない。ほんのときたま外に出してもらい、そのときは好きに動き回ることができても広さは圧倒的にかぎられていた。さいわい学校の理解が得られたので、キャラメルをわが家で引き取り、ひろびろとしたスペースを提供した。

　キャラメルは八歳まで生きたが、同居の猫には閉口していたものの（猫のほうだって十分迷惑していた）、生活は気に入ってくれていたようだった。キャラメルが死んだあと、保護施設から引き取ったのがオレオだ。キャラメルと暮らしたときのように、

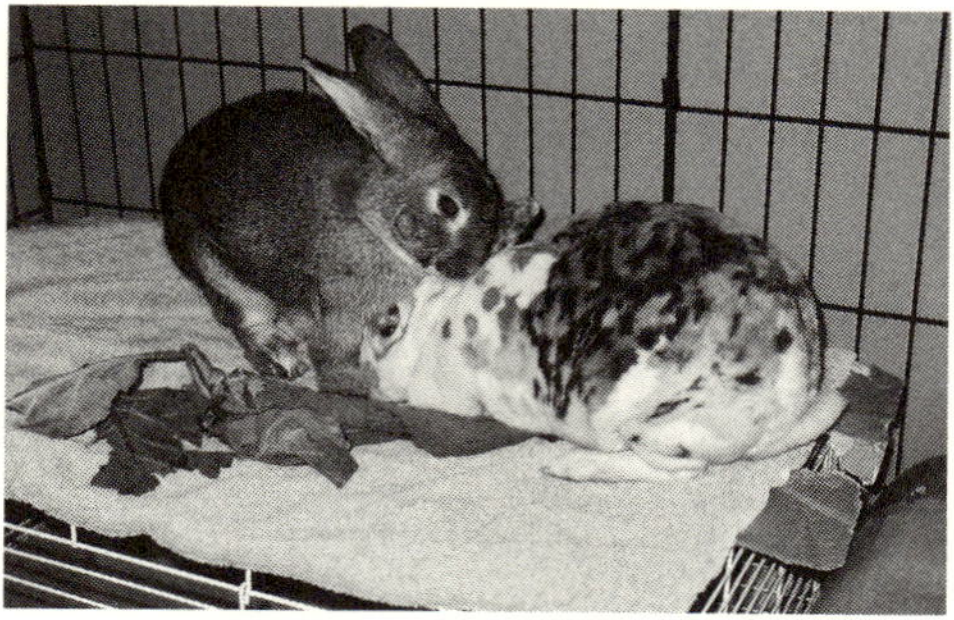

ジェレミーとジリー（photo by DAVID L. JUSTICE, MD）

オレオも年をとって亡くなるまで、わたしたち家族とともに幸せな時間をすごすことができた。

キャラメルとオレオがいた時期は重なっていないので、ウサギがどんなふうに友情をはぐくみ、どんな関係を結ぶのかについては目にする機会がなかった。だが二匹とも、気分がいいときには、心からの情愛をわたしたちに寄せていたのはたしかだ。いつもわたしたち家族の姿を追い求め、鼻先をすりよせては体をこちらにあずけて、やさしくなでてもらいたそうにしていた。キャラメルはよくわたしたちといっしょにテレビを見ていた。裏庭の芝生を横切って部屋に飛び込んでくると、敷物のうえに座りこんでくつろいだ。敷物はキャラメルのために用意したものである。オレオのほうは長いすに飛び乗って、よくわたしの隣に座っていた。

ときどきわたしは、ジェレミーとジリーの様子をのぞきにいく。二匹は家の近所で飼われているウサギだ。ジェレミーはテネシーレッドバックという種類で、わたしの友人で動物の救援活動をいっしょにやっているヌアラ・ガルバリとデビッド・ジャスティスが助け出した。

ジェレミーは地元にあるペットショップの小さなケージに押し込められていたが、その後暮らすようになった家は猫や鳥も飼われている、じつに面倒見のいい一家で、ジェレミーも体力を取り戻すことができた。第3章に登場したジャネール・ヘリングと同じように、ヌアラとデビッドも、動物の交流は同じ種のあいだで交わされるのが一番だと考えていた。そこで加わったのが雌のレッキス種のジリーだった。

当時、ジリーは六歳でウサギとしてはすでにかなりの高齢だったが、年の差はあったものの二匹はすぐに仲よくなった。寝室に敷かれたラグの縁にそって相手を追いかけまわし、宙に飛び跳ねては絡み合う。そんなじゃれあいを演じ、静かだと思えばたがいの毛づくろいに夢中だ。夜と昼の決まった時間はねぐらにいたが、十分な広さがあるというのに、たいていの場合、二匹は体をぴったりと寄せて眠っている。

動きも敏捷で元気なのでごまかされてしまうが、ジリーはもう九歳になっていた。ジリーのそばでうれしそうにしているジェレミーを見ていると、ジリーが先に逝くようなことになれば――実際、そうであるのはまちがいないのだろうが、そのときジェレミーはどうなるかと考えこむ。ミッシェル・ニーリイが飼っていたルーシーとビンセントの場合がまさにそうだった。

エサも食べず、巣に引きこもる

ミッシェルと夫が保護施設にいたビンセントをもらい受けたとき、ビンセントの状態は目も当てられなかった。飼い主に見捨てられて餓死の一歩手前、体にはダニがわいて、全身は疥癬でただれていた。それから半年、ビンセントは夫妻の愛情をひとり占めにした。だが、ビンセントはそれでも足りず、もっともっととせがんだ。赤ちゃんのように横抱きに抱えてもらいたがり、夫妻どちらかの腕のなかか、膝のうえで抱いてとせがんだ。一度抱いたら小一時間はそうしていなければ満足せず、抱かれながらその体をもんでもらっていた。

夫妻は次にルーシーと名づけたウサギを引き取った。二匹いた兄弟と同じく、ルーシーには先天的に耳がなかった。ウサギは垂れ耳、耳が本来ある部分には軟骨がこんもり盛り上がっているだけだった。そして、その耳には物音がなにひとつ聞こえていなかった。だが、ルーシーのそばにはいつも仲間のウサギがいる。社交的にふるまうすべをルーシーは知っていたのだ。

ビンセントはそうではない。引き合わせて三か月、この間、ミッシェルは二匹の仲をとりもとうと毎日のように世話を焼いたが、進展する気配はなかなかうかがえない。

ビンセントには、毛づくろいをしたいとか、友だちになりたいという気持ちをルーシーにどう伝えていいのか、その方法がわからなかった。いい雰囲気で始まっても、しばらくすると小競りあいになることがほとんどだった。

ルーシーの耳のせいかははっきりしないが、垂れ耳のない姿が二匹の関係に影響していたのかもしれない。あるいは、耳の障害のせいで、気持ちのやりとりがきちんとできなかったのかもしれない。ただ、どんな原因があったにせよ、その関係はひと目で恋に落ちる筋立てと呼べるものではなかった。

だが、青天の霹靂が訪れる。ルーシーが突然ビンセントの巣に飛び込み、ひと晩そこですごしたのだ。翌朝、ミッシェルが目にしたとき、二匹の関係は見事に一変していた。新しい絆が生まれていた。ビンセントが恋い焦がれている様子ははた目にもよくわかる。ジェレミーとジリーのように、二匹も朝からたがいを追いかけ、遊びつかれてへとへとになり、午後は二匹いっしょに眠った。

「家を探検するときにはルーシーがいつも先頭。階段をあがったり、リビングでごそごそしていたり、バルコニーに出てみたりしてね。ビンセントはそのあとを追ってどこにでもついていった。かたときも離れたくはなかったみたい。ルーシーといっしょのビンセントは、この世にほかのウサギがいるのを知らない感じだった。ルーシーとようやく仲よくなれて、ビンセントも驚きとうれしさで自分を忘れていたのね」とミッシェルは説明する。

悲しいことに、二匹がいっしょにいられたのはわずか九か月ほどにすぎない。左右の外耳道が手の施しようがないほどの感染症におかされ、ルーシーは病に倒れた。おそらく先天的な耳の異常を原因としていたのだろう。経験豊富な獣医が手術したにもかかわらず、ルーシーを助けることはできなかった。ミッシェルの話では、ビンセントは「一週間ほど、悲しげな様子で家のすみからすみを動き回っていた。ルーシーを探していたのね」。

そして、ルーシーがもう帰ってこないことをビンセントは悟ったのだろう。これまで何例も見たように、ビンセントもある種のうつ状態におちいる。エサをまったく食べなくなり、巣に引きこもっている。巣のなかでは、ルーシーがいつも陣取っていた場所でうずくまり、とくになにかをするわけではない。ルーシーと遊んでいるときに見せていた、元気いっぱいの様子は消え失せていた。

このままではビンセントも死ぬと心配したミッシェルは、ウサギをもう一匹引き取ることにした。そのウサギがアナベルで、ビンセントが元気を取り戻してくれるのを願った。そして、ビンセントはたしかに元気を取り戻した。アナベルをひと目見るや、日々の活動に向けられた関心はよみがえり、食欲もすっかりもとに戻っていった。

悲しみに沈むウサギと変わらないウサギ

さて、最初にルーシー、次にアナベルと、ビンセントが結び続けた絆について、いくつか疑問がわいてくる。新しい仲間がそばにいてほしいと望むのは、ひょっとしたらビンセントがひとりで生きていく寂しさに耐えられないからではないのか。ルーシーでもアナベルでも、あるいはまったく別のウサギでもいい。ビンセントはとにかく仲間のぬくもりを求めていたのではないのか。ルーシーのことは、もうとっくに忘れていたのではないだろうか。

ビンセントがなにを考えていたのかわからなければ、この問いに取り組む唯一の方法は、ビンセントがアナベルと会ってから、二匹のあいだでなにが起きたか、その変化を何か月にもわたって詳細に観察するしかない。そして、ビンセントの行動はたしかに以前とは違っていた。

ビンセントは、アナベルが一瞬でも見えなくなると脅えた。巣のすみで、アナベルが体を小さく丸めて寝ていても、姿が見えなくなったとたんにビンセントは不安になった。あたりを探しまわり、見つからなければさらに不安を募らせる。「結局、最後にはわたしがビンセントの体を抱えて、アナベルのもとに運んであげるの。ひと目見るだけで、ビンセントの体から力が抜けていくのがわかった」。ルーシーを失い、アナベルもなくすのをビンセントはひどく恐れているようにミッシェルには思えた。

アナベルとの仲が深まって七か月、ビンセントの不安げな様子はやんだ。アナベルが消えてしまわないことに納得したのか、あるいはルーシーの記憶が消えたのか、それともまったく別の原因でビンセントの行動が変わったのかどうかはわからない。ただ、ウサギの場合であっても、あらたな絆を早々に結んだからといって、失ったパートナーに対する心からの悲しみが消えたと考えるべきではない。人間を含め、脳の容量が大きい哺乳類を相手にした場合となにも変わらないのだ。

一八〇度逆の視点で考えることもできるだろう。ルーシーとの交流に深い満足を覚えていたから、アナベルをひと目見たとき、ビンセントはこれほどすみやかに元気になれたのかもしれない。アナベルの姿を目にして、そのにおいをはじめてかいだとき、ビンセントは、ウサギにとって希望に等しいものをこれから結ぶ関係に感じた。一方で、二匹はただちに仲よくなったが、かかわり方の深さという点では、ルーシーのときほど熱烈ではなかったと飼い主のミッシェルは言う。

ミッシェルと連絡を取り合いはじめ、メールでウサギに関する話を交換するようになったころ、それから数週間してビンセントは死んだ。ミッシェルはこのとき、はじめてあることを試みた。ビンセントの死体をアナベルに見せたのだ。アナベルはビンセントのにおいを確かめ、その体をなめていた。そばを離れたかと思うとふたたび戻ってくる。第3章でヤギのマートルが示したのと同じ反応だ。それから、二匹で暮らした巣からビンセントを押しのけようとしていたので、ミッシェルは遺骸をとりあげるとビンセントを火葬に付した。

ルーシーの死に直面したときのビンセントとは違い、アナベルが何週間にもわたって悲しむようなことはなかった。わたしたちがここで目にしているのは、動物には二種類の関係が存在し、そして仲間の死に向けられた反応の違いから、残された側もふたつのタイプに分かれることを示す証拠なのだ。

アメリカ飼いウサギ協会（ＨＲＳ）はカリフォルニアを拠点にする動物保護団体で、活動は世界中におよんでいる。飼い主に見捨てられたウサギを保護し、正しい飼育法を知ってもらうのが目的だが、ウエブサイトは飼育に関する問いあわせでいつも混んでいる。寄せられる質問のなかには、興味半分だと断ったうえで、「ウサギのユーモアセンスについて」とか「打ち解けてくれないウサギと暮らすには」「飼いウサギが感情で表すメッセージを読み解く」といったものもある。ここで働くスタッフは、ウサギは悲しみを知る動物だと信じているので、ビンセントはルーシーの死を悼んでいたとためらうことなくそう結論づけるだろう。

ウサギが仲間の死を悼む点についてはＨＲＳにも独自の例があり、ウサギは仲間の死にきわめて敏感に反応すると言っている。ウサギによっては、普通では考えられない行動を示す例もあるらしい。親しいウサギの死に直面し、宙に跳ね上がって、まるで踊るようなしぐさを見せる場合があるという。突然高まったエネルギーを解き放つためらしいが、わたしには説明できそうにない現象だ。

予期しない問題行動を起こす場合もある。四歳のレフティというウサギは、つがいのダイナを失ったときもいつもと変わらず元気にしていた。ビンセントのように沈んだ気配はなかったが、飼い主のベッドに飛び乗ると、枕をかじって穴だらけにした。HRSは次のように注意を促す。元気すぎる場合にもTLC（テンダー・ラビング・ケア＝やさしく、思いやりがある世話）は必要で、新しい仲間と引き合わせなくてはならないケースもある。仲間を失った悲しみが、特異な行動となって現れているのかもしれないからだ。

餓死にいたるほどのうつ状態

ジョイ・ジョイアという女性は、三匹のウサギが関係した例をHRSで報告している。ビンセントとルーシー、アナベルがまさにそうだった。ビンセントを中心に、最初にルーシー、そしてアナベルとある種の三角関係が成立したが、同様の関係が雌のトリクシィーを軸に、ジョーイとマジックの三匹にも起きていた。このケースでは、三匹のうち二匹は以前の飼い主によって悲惨な生活を強いられていた。三匹を保護したのがジョイ・ジョイアで、夫とともにHRSと連携し、ボランティアとして里親を引き受けていた。

話はジョーイという名のウサギから始まる。前の飼い主に遺棄された結果、この雄ウサギはひどい伝染病を患っていた。片方の目は完全に光を失い、残った目も十分には見えず、しかもその目はいつもただれていた。耳も聞こえず、呼吸器にも問題があった。ジョーイには、外の世界などどうでもよかった。目の治療には洗浄が欠かせないが、ジョーイは洗浄を嫌い、里親や人間との触れあいで喜びを表すこともまったくなかった。こうした場合、飼い主によっては安楽死という安易な方法を選んでしまうこともあるが、そんな解決法はHRSではまったく考えられないことだった。

幸い、トリクシィーはジョーイほど手ひどく扱われてはいなかった。だが、かみ合わせに深刻な問題を抱え、門歯を抜く必要があった。ジョーイ同様、トリクシィーも人間との触れあいを喜ぶタイプではなかったが、この雌のウサギがたまたまジョーイと同じ里親に引き取られ、しかも隣にいたのがジョーイだった。たがいに対する二匹の好奇心に火がついた。その思いをとげさせてやろうと、二匹で暮らせるもっと広い場所を里親は用意してやった。

お見合いは見事に成功する。トリクシィーはジョーイにかいがいしく仕え、ただれたその目をきれいになめとった。やさしくなめてもらえるので、ジョーイも人間の治療よりもはるかに気に入った。二匹のあいだには本当につきることのない愛情が感じられた。

そして三匹目のウサギが引き取られてくる。今度のウサギは人間にはよくなついたが、ほかのウサギにはまったくかかわろうとしない。三匹目のウサギ、マジックは小学校の教室で五年間飼われていた。わが家でも教室ウサギのキャラメルの世話をしたが、こうしたウサギは恵まれた生活を送っているように見えて、学校の場合、そのつもりはなくても結果として適切さを欠いた飼育になってしまうことがあるのだ。

マジックのケージは小さく、耳をきれいに保つには狭すぎた。床も太い針金だったので、ウサギの足にはとてもつらい。犬や猫の足裏とは異なり、ウサギの仲間で丈夫な肉球をもつ種類は少ない。それに落ち着きのない子どもにケージを囲まれては、おちおち気も休まらない。マジックもたまりかね、とうとうケージに侵入してきた子どもの指に歯を立てるようになっていた。

保護されたとき、マジックは耳に重度の感染症を負っていた。臼歯はまともにかめないほどゆがみ、除爪手術の処置が原因で、足の神経には重い損傷が残っていた。耳と歯の治療はそれほど難しくないが、足のほうは深刻で、跳ねることもままならない。周囲に人間がいたほうがリラックスし、抱いてあげると喜んだ。だが、ほかのウサギといっしょだととたんに身構える。トリクシィーとジョーイが飼われている同じコーナーで、マジックはほかのウサギから隔離され、ふかふかの寝材が置かれた居心地のいいすみかで暮らした。周囲にはフェンスが設けられているので、ほかのウサギは入ってこられない。扉にカギがなかったのは、わざわざ自分から逃げ出すとは思えなかったからである。

二年のあいだ、ジョーイとトリクシィーはふたりの関係を楽しんだ。やがて、ジョーイは体重を落とし、衰えも目立つようになっていく。発作に苦しんだとき、面倒を見ていた夫妻は獣医に相談してみることにした。結論は、楽にしてあげる時期がそろそろ訪れたというものだった。ジョーイは安らかに息をひきとった。病院にはトリクシィーも連れていかれ、遺骸といっしょの時間をしばらくすごすことができた。

家に帰ってきたトリクシィーは悲しみに沈んでいる。なにも食べようとしない。

「がらんとしたすみかにうずくまり、弱々しく、はかなげな姿だった」と里親は語るが、翌朝、思いもしなかった光景を目の当たりにした。自分のねぐらからとび出たマジックが、トリクシィーとぴったりと並んでいたのである。二匹をさえぎるものはトリクシィーのすみかを囲うケージの扉だけだった。

足を痛めないようにマジックを持ち上げ、いったん寝床に戻してから、里親は仕切りのケージを除いて通路を開いた。それから二日間、トリクシィーは両家の敷地をせわしなく行き来すると、マジックの家へと越していった。三日目を迎えるころには、新しいカップルは、仲よく寄り添い、毛づくろいをしていた。トリクシィーもふたたびエサを口にするようになっていた。

ビンセントがまさにそうだったように、トリクシィーも運がいいウサギだった。ウサギのなかには失意から簡単に抜け出せないものがいる。動物の多くがそうであるように、仲間の死に出会うとウサギもまた激しいうつ状態におちいってしまうのだ。あまりにも激しい場合、まったく食事が口にできなくなり、ついには餓死にいたることさえある。

激しいストレスがもたらすもの

愛する相手を失って生じた深刻なうつ状態はどんなものなのか、それをちょうど調べている最中のことだった。カレン・ウェイジャー＝スミスが、アシーナ・マーコワと共同執筆した、神経生物学の側面から考えたうつ状態に関する論文を送ってくれた。人間も含め、さまざまな種類の動物が研究対象になっている。そのなかでふたりは、脳の動的な様子を理解することで急性のうつ状態――症状は深刻で、継続する期間は比較的短い――だと知ることができる目安、つまりどんな場合でも適用できるような様態の有無について論じていた。

ふたりは急性のうつ状態におちいった人に見られる一連の連鎖現象を想定した。連鎖の引き金になるのは、ストレスが多い人生で経験するある種の事件、つまり失業や予想もしなかった離婚のようなもの。ある人にとっては、繰り返される従軍であったり、あるいは親との死別であったりする。初期のうつ状態にある人のうち、四分の三にこの種のストレスが先行し、心に重くのしかかっていた事実が複数の研究から明らかになっている。

その次に起きているのが神経生理学レベルでの現象だ。脳の動的性質という意味では、わたしたちは、人体の器官に抱いてきたこれまでの古い考え方を捨て去る時期を迎えているのだろう。その考えとは、人の器官は若いころに適応を終えていったん完成すると、成長期以降、つまり大人になってからは固定化し、変化しないまま安定した状態が続くというものだ。だが脳はつねに成長をつづけ、生理学のレベルではいっときも休むことなく適応を続けている。

たとえば、自分の周辺で起きた出来事（あるいは自分から働きかけて起こした行為）に反応して、人はそちらに目を向け、考えをめぐらし、探るようにして前へと歩んでいくが、こうした反応を繰り返しながら、脳もまたあらたな神経回路を結んでいる。はじめて遭遇する経験に歩調を合わせ、神経の単位細胞であるニューロンは、強化あるいは剝脱を繰り返している。わたしたちがものごとを否定的に考えるようになるのは、脳内のある部分のニューロンが刈り取られたせいかもしれないが、大量の脳細胞の損失は、やはり聞いていてあまり歓迎できるものではない。そして、カレンとアシーナが提唱する、連鎖の第二段階がここに現れてくる。

カレンたちは、ストレスが原因で脳が負担を負い、脳の特定分野にあるきわめて重要なニューロンの結合が破壊されることを「マイクロ・ダメージ」と呼んでいる。動物をモデルにした研究では、激しいストレスにさらされた結果、脳の左右両球のうち、海馬と前頭葉皮質にニューロンの萎縮が認められた。海馬は記憶と感情をつかさどり、前頭葉皮質は計画や個性をなす中心だと関連づけられている。脳のこの部分にダメージを負えば、たとえ程度はかぎられていても、肝心の動物がどのように世界を受け入れるのか、その感覚に影響を与えずにはおかない。

ストレスが原因で人間の脳がどう変化するのか。動物をモデルにしたこの実験はそれを予測させるものだが、しかし問題はそれだけにとどまらない。脳の画像を調べた最近の研究では、長期のうつ状態と特定分野の脳の萎縮のあいだになんらかの因果関係が認められるという。こうした変化はとりわけ海馬にはっきりと現れる。

けれど、手足に傷を負い、臓器が感染した場合、人体がすみやかにダメージに対応するように、脳もまたストレスがもたらす損傷からみずからを守ろうとする。連鎖反応の次のステップが脳の修復である。マイクロ・ダメージで炎症反応が現れたとき、修復の幕は切って落とされる。病や傷を負った身体が回復する際、小康状態という時期を迎えるが、脳がショックを受けるほどのストレスを負ったあとのこの時期、人は疲労して、眠いばかりで食欲は減退している。そして、脳がかかわっているだけにある特別な症状が現れる――つまり、感情面に鋭い痛みを感じるようになるのだ。カレンらは、炎症反応がある種の過感受性を起こして、心理的苦痛をもたらすのではないかと考えている。

多くの症例を見ると、こうした過感受性が現れる期間はかぎられている。だから、修復のメカニズムが効果を現すにしたがって痛みも徐々に消えていく。しかし、よく知られているように、苦痛が必ずしも消えるわけではないから問題なのだ。人によっては、ストレスをきっかけに急性のうつ状態が始まり、心を押しつぶすような激しい状態が定着してしまう。

人間の脳のように複雑だと、症状がゆきつくところもきわめて多彩だ。しかも、遺伝的な傾向に始まり、家族に共通して見られる出現パターンや、あるいは性格特徴から本人の対処能力を支える環境と、さまざまな要因にかかわっている部分も少なくない。なんらかの理由でこの過感受性が固定化すると、慢性のうつ状態の〝間断なき苦痛〟にさいなまれることになりかねない。そして、その様子を描いたものこそ、ノーベル賞作家、ウィリアム・スタイロンが書いた回顧録『見える暗闇―狂気についての回想』だった。

“悲しみ”を引き起こすプロセス

以上は、カレンとアシーナが詳述する仮説を大まかにまとめたものだ。論文のなかでふたりは、神経生物学上の証拠を用い、連鎖の各ステップを立証しようとしている。その説明は生物学と人間特有の文化のいずれにも根ざし、人間にもこのような理論を適応しようという場合、必要な前提がきちんと踏まえられている。わたしのような人類学者が、すばらしいと感じるのもその点で、生理学と遺伝学の両面からなされた考察と同じく、ここでは生身の経験についても考慮されている。

さきほども触れたように、身近で起きた事件に人が反応するのは、単に脳がそうせよと命じるからだけではなく、脳もまたこうした出来事によって変化をとげているからなのである。それだけに、程度はかぎられるが、過酷なストレスで気分が落ち込んでも、そこには救いの要素があるとも言える。人間や動物が生きていくうえで激しいショックにみまわれると、脳は一時的に小さなシャットダウンを起こすが、これについては悪いとばかり言えない。苦しんでいる当人は、新しい脳細胞を成長させることで、感情面における回復期を迎えているのだ。ストレスをもたらした事件をやりすごしながら、新しいニューロンの結びつきが強まることで、カレンとアシーナが言う「あらたな行動戦略を成立」させている。

「あらたな行動戦略の成立」という仮説は、心理学者のジョン・アーチャーが『悲しみの本質』（*The Nature of Grief*）で手際よく検証した理論のひとつに加えられてしかるべきだろう。進化論の点から考えると、悲しみによって、生存や生殖能力は損なわれるため、動物は不適応の状態にあるだろうとアーチャーは言及する。哀悼反応は離別反応によってもたらされたものかもしれない。

離別反応は、なんらかの理由でかけがえのない相手と離れたときに起こり、嘆き悲しんだり、あらがったりするだけでなく、失った相手との再会を求める行動を含んでいる。この場合、ふたたび会えるチャンスは増すので適応性は高まる。だが、場合によっては、哀悼反応の結果、失った相手を待ちわびるあまり、残された側はすみやかにあらたな相手との関係を結べなくなってしまうことがある。さらに、これというメリットなどまったく見られないケースも存在する。その場合、悲しみとは、離別反応の自然で純粋な副産物、さらに定義を広げてみるなら、動物が結んだ深い絆の副産物であるかもしれない。

アーチャーはうつ状態を悲しみと関連させて論じるが、カレンらの仮説はさらにその先をいくもので、仲間やパートナーの死に激しい喪失感を示しながら、動物のなかには病理的な反応を伴わない場合があり、その点をより克明に解明しようとしている。ストレスによって動物の神経細胞があらたに配線されるのなら、眠りは浅く、食事もあまりとらないこの時期は、肉体にも精神的にも回復可能な方法で、体力の温存がはかられているのだろう。

悲しみとは――実際、それは精神的な苦痛にほかならない場合が少なくないが――脳が負わされたストレスに伴って起こる、なにか特別《エクストラ》なものなのだ。カレンがわたしに話してくれたのは、「〝悲しむ〟というのは、進化を重ねてきた体に組み込まれたプログラムで、病気になったときの体の反応に似ています。大切な神経細胞を修復する作業を通じて、快方に向かおうとしているのです」。

生き残った側があらたにペアを組もうとするときも、おそらく脳の修復プロセスがその背中を押し、回復のペースに拍車をかけているのだろう。ビンセントやトリクシィー（ほかの動物の場合も同じだが）で見たように、あらたな社会的な関係は、気持ちを奮い立たせる刺激剤となって、無気力状態にある動物を救い出している。ただ、新しいパートナー探しと脳の回復に刺激を加えることのあいだに因果関係があると考えるのはわたしの推測にすぎない。

カレンとアシーナの仮説も、詳細な点では正しくもあり、あるいは誤っているのかもしれず、肝心な点についても同様なことが言えるかもしれない。だが、ある解釈を提案すること――しかもその説が多くの段階にわたる緻密な説であるなら、データをさらに増やしつつ、研究者本人あるいは第三者によってその説は検証されていかなければならない。それが科学の流儀であり、しかも洗練されたスタイルというものなのである。

人間と動物に共通して見られるうつ状態を同時に解きあかすような説は存在しないが、カレンとアシーナの仮説の見事さに、わたしはそのヒントとなる可能性を感じる。なぜなら、死と、死が引き起こす嘆きが、生きていくうえで直面するもっともストレスを強いる事件として扱われているからである。動物たち――馬、ヤギ、ウサギ、猫、犬、ゾウ、チンパンジー、そして人間が抱く悲しみについて言うなら、もしかしたらそこには、種を超え、生物学的に共通する理由というものが存在するかもしれない。もっとも、そう言ったからといって、わたしたち哺乳類は生まれつきそんなふうに仕組まれた生きもので、特定の反応を示すような回路が脳にあらかじめ埋め込まれていることを意味しない。

この考えはそういうものではなく、人間の生態はもちろん、生きていくうえでの経験が体におよぼす影響について、哺乳類にはいくつかの点で共通する傾向が認められるということを示唆している。種全体を見渡せるような高みから言うなら、種同士で重なる領域や種独自で見られるいずれの結果も違うものになってくるだろう。なぜなら、種特有の行動や進化の歴史の違い、あるいは個々の性格をはじめ、こうした違いがそこでは複雑にからみあっているからなのだ。

動物の悲しみの世界において、しばらくのあいだわたしは、ウサギを「氷山の一角」のような存在と考えることにしよう。プロローグで触れたように、人間以外の動物の悲しみについて思いをめぐらすとき、ニワトリやヤギがそうだったように、ウサギもまたわたしたちの意識に真っ先にのぼってくる存在ではない。けれど、ウサギが大海原に少しだけ頂をのぞかせた氷山であるのは、この動物がある未来を指し示しているからである。その未来はいまからあまり遠くないところで待ち構えており、そこでは種の違いにかかわらず、さまざまな動物たちが嘆き悲しんでいる事実が当たり前のこととして受け入れられている。

第5章　骨に刻み込まれた記憶――ゾウ

ゾウが嘆き悲しむとき、しわだらけの灰色の巨体を満たした悲しみは波となって震える。このときゾウのそばにいれば、あたりの空気はビリビリと震えているのが伝わってくる。

動物行動学者のマーク・ベコフが、ゾウの研究では世界有数のイアン・ダグラス－ハミルトンとケニア北部を調査で訪れたときのことだった。巨体をはじめて目の当たりにし、ベコフは驚きを隠せなかった。「がくりと頭を落とし、耳は生気なくたれさがり、尻尾は力なく揺れている。群れのゾウはいったりきたりを繰り返すだけで、とくに目的があるようには思えない。どうやら傷心状態にあるらしい」。ゾウの気持ちを察したベコフだが、あとでダグラス－ハミルトンから、群れのリーダーである雌ゾウが死んだ直後だという話を聞かされた。

さらに車を走らせていくと、数キロと離れていない場所で別の群れに出会った。だが、目にした光景はまったく違う。どのゾウも満ち足りた気配にあふれている。頭部をもたげ、耳や尻尾の先にも力はみなぎり、体全体から生気があふれ出ている。

悲しみに沈む気配を漂わせていた最初の群れ——それは、リーダーを失ってグループの統率が乱れたとか、なにか別の原因で一時的に動揺していたわけではない——仲間の死を悲しんでいたと断言することができる。深く結ばれた群れの仲間の死、その死を嘆いているゾウの実例につぐ実例が研究者によって報告されている。動物の悲しみの研究という、誕生してまだまもない分野では、こうした実例こそ科学的な確実さにいたる一番の近道だ。だから、ゾウという動物は、野生の動物がどのように悲しむのかを知る場合、試金石のような存在になってくる。

ダグラス－ハミルトンの長年におよぶ研究もまた重要な点を明らかにする。一九九七年以降、研究チームはケニアのサンブル国立保護区に生息するゾウを観測してきたが、この保護区ではすでに九〇〇頭が個体識別された（これは見事な業績で、ケニア南部のアンボセリでわたしもヒヒの個体識別をしていたが、確実に識別できたのはどんなにがんばっても一〇〇頭を少しうわまわる程度でしかなかった）。一年後、GPS（全地球測位システム）が強力な助っ人として加わり、その結果、いまでは無線追跡データがゾウに関する直接観測データを提供してくれる。

ほかのゾウの集団と同じように、サンブルもその例にもれず、雌ゾウが自分の子や孫のゾウたちからなる緊密な群れを率いている。雌の親族、気心の知れた仲間のほうが群れはまとまりやすい。群れが分割してさらに小さなグループになっても、一定の期間を置きながらふたたびもとの群れに合流する。一方、成長した雄のゾウは一年のほとんどを単独で行動し、群れと合流するのは繁殖期を迎えた雌と交尾するときにかぎられる。

二〇一一年、ある空前の発見がなされた。その発見から判断すると、先史時代に生きたゾウもまさに同じ方法で群れを率いていた。発見とは、太古のゾウが踏み残した古《いにしえ》の道であり、アラブ首長国連邦に広がる一面の砂漠にゾウの足跡の化石が分布していたのだ。あまりの広大さに、一部は上空から観察しなければ調べられない。一見すると足跡は、大地に刻まれたただの凹みでしかないが、この化石は、体の大きさも年齢も異なる十三頭のゾウの群れがここを歩いていた事実を伝える七〇〇万年前のむかしに打たれた無電信号のようなものである。

群れの足跡とは別に、一頭の大きなゾウが歩いた跡が残っている。研究者が推測するように、この足跡がもしも単独行動を行う雄のゾウのものなら、それは現在のゾウの社会組織のために描かれた、先史時代の青写真を意味する。

残されたふたつの足跡の化石、その配置が多くの事実を物語っている。歩幅の狭いほうは十三頭の群れのもので、足跡が重なっていないのは、群れのゾウが一列になって移動していたことを意味する。群れの足跡を横切るようにして残った足跡は、ほぼ直角に近い角度で群れに向かってきているのがわかる。古生物学者のファイサル・ビビは、BBC（英国放送協会）の質問に、この足跡は絶滅したゾウの先祖がどんな社会的行動をしていたかを示す「格好のスナップ写真」だと説明した。

シンシア・モスは、ケニアのアンボセリ国立公園で長年ゾウを研究してきたが、ゾウの関係について同心円を使って説明する。円の中心には雌たちとその子どもが位置し、次の円にはその雌ゾウの姉妹や祖母といった親族のゾウたち。さらに外側には群れから離れかけている若い雄のゾウの円が続き、最後の円にはすでに単独行動している成長した雄のゾウがいる。

それぞれの道を選んで別れたファミリーだが、一族がふたたび顔を合わせたとき、ゾウは全身を使って喜びを表す。しなやかな鼻をたがいに絡み合わせ、牙と牙を打ち鳴らし、耳をはためかす。尿を噴水のようにほとばしるゾウもいる。あの巨体でぐるぐる回るものだから、尻と尻がぶつかる。およそ十分間は続くかと思われるそのあいだ、低くとどろく声、甲高い声、あるいは高らかに鼻を鳴らすなどの鳴き声の伴奏が続く。

エレノアの死にゾウたちが示した行動

さて、ここから始まるのは、喜びと対をなす悲しみの領分にかかわる話である。二〇〇三年、ダグラス－ハミルトンの研究チームは、「ファーストレディズ」と名づけられた群れのリーダー、エレノアを中心に起きた驚くような事実を記録している。エレノアは研究チームにはおなじみのゾウで、数年にわたってすでに一〇六回も観察されていた。事件が起こる約五か月半前、エレノアは出産、生まれた雌の小ゾウはすくすく育っていた。また、マヤという一〇一回観察された同じ群れのゾウは、エレノアとはきわめて近しい関係にある一頭で、マヤはエレノアの娘だろうと研究チームは固く信じていた。

事件は二〇〇三年十月十日の夕方に発生した。はれあがった鼻をひきずって進むエレノアの姿が発見された。片方の耳、片方の脚にも傷を負っている。ダグラス－ハミルトンらがのちに報告したように、「おそるおそる小さく踏み出」したエレノアは、それから「ドサリと地面に倒れた」。二分後、「バーチューズ」の群れのリーダー、グレイスがそばに寄ってきた。鼻と前脚を使ってエレノアの体を探っている。それから左右の牙でエレノアを起こそうと試みた。だが、弱ったエレノアに力はない。グレイスがさらに力をこめ、歩けと促してもエレノアはやはり体を崩した。

エレノアの体に異変が起きているとグレイスは理解していたのにちがいない。助けようとする様子に嘆きの気配がありありとうかがえたからである。鳴き声をあげ、牙を使ってなんとかエレノアを起こそうとした。自分の群れが立ち去ったあとも、グレイスはその場にとどまり、さらに一時間近くエレノアのそばに残った。この時点で、エレノアの娘と推定されるマヤは遠く離れた場所にいて、この出来事に気づいてはいなかった。エレノアがその脚でもう一度立ち上がることはなかった。翌朝、エレノアは息をひきとった。

翌日、マヤがエレノアの一〇メートル圏内にいることが無線追跡で判明した。しかし、死骸に強い関心を示していたのは「ハワイアンアイランズ」という群れのゾウ、マウイだった。鼻先でにおいをかぎ、死骸に触れると、自分の口に戻して味を確かめていた。右脚を死骸のうえにかざしたり、左脚を使い、死骸を突いたり、引き寄せようとしたりしていた。前日のグレイスのように、マウイもまたエレノアを立たせようと試みていたと思われる。それからマウイは別の行動をとっている。死骸をまたいで立つと、エレノアの体を前後に揺すりはじめたのだ。マウイのこうした行動は合計八分間にわたって続いた。

死亡から一週間、ゾウたちがやってきては、死骸の検分と哀悼のために列をつくった。三日目、死骸から牙を取り除こうと公園の保護官が訪れている。密猟者に象牙を持ち去られないためには必要な処置だった。牙をなくしてからというもの、残された体は激しくかたちを変えた死体にすぎなくなっていた。長い鼻は切り取られ、牙があった部分にはぽっかりと穴が広がっていた。

この日、グレイスがふたたびエレノアのもとを訪れる。今回は死骸を起こそうともせずに、かたわらでじっとたたずむだけだった。マヤをはじめエレノアの群れのゾウも近くにいた。レポートを読むかぎりでは、どのゾウも群れのリーダーの死骸には触れていない。しかし、例外が一頭だけいた。エレノアが五か月半前に産んだ娘が鼻で死骸に触れていた。子ゾウは混乱していたのだろう。若いゾウの乳をまさぐると、それから死骸のほうへと戻ってきた。

子ゾウは結局、生きのびることができなかった。母親の死から数週間というもの、乳が出る群れのゾウに飲ませてもらおうと必死だったが、その願いを受け入れるゾウはいなかった。乳なしで生きるには子ゾウは幼すぎ、そして弱すぎた。エレノアが死んで三日目、母親の体にすりよった子ゾウだが、このときは冷たくなった母親のそばにいたかっただけなのだろう。

「ビブカル・タウンズ」というエレノアとは血縁のない群れがきたとき、「ファーストレディズ」の一族を押しのけて死骸に近づいていった。その様子は高飛車で、どうしても死骸をさぐりたいという気持ちが入り交じったものだったらしいが、このとき一族でひとり踏みとどまったのが子ゾウだった。

死骸のそばに立つ子ゾウを写した写真が残っている。子ゾウは、自分とは血縁もない、巨大で威圧的なゾウの群れに一頭で立ち向かっていた。ぎこちなく身がまえ、わずかに鼻を突き出している姿が痛ましい。

それから四日間、マヤとほかの群れの仲間は、何時間か死骸のそばですごすと、それから何時間かは死骸のそばを離れるようになった。亡くなって四日目、残された体を狙ってほかの動物が集まり出し、ジャッカル、ハイエナ、ハゲワシ、ライオンがやってきては肉をあさった。六日目、「スパイスガールズ」のリーダー、セージが訪れている。この時点で死骸は牙をなくし、体の一部を失っていたが、それでもエレノアは相手からなんらかの反応を引き出していた。セージは三十分かけ、死骸を鼻でさわったり、においを確かめたりしていた。

肉親の遺骨を探し求める

エレノアの死から一週間あまり、この間、死骸のもとを訪れた雄ゾウは一頭もいない。やってきたのは雌ばかりで、なかにはエレノアとは血縁関係にないゾウもいた。「ファーストレディズ」を含め、五つの群れがきて、それとはっきりうかがえる興味を遺体に示した。ダグラス－ハミルトンらはレポートのなかで、遺伝的な関係の有無にかかわりなく、危篤状態にある仲間、死んだ仲間に対してゾウがきわめて強い関心を向けるという点が重要だとして、「ゾウは、苦しんでいる仲間、死んだ仲間にへだてのない関心を示す」と記している。

エレノアの死にほかのゾウがどんな反応を示したかというこの調査は一週間続いた。だが、ゾウたちが一週間をはるかに超える期間にわたって仲間の死を記憶しているのはまちがいない。そして、サンブルの無線追跡データが観測による研究を補強しているなら、一方、ケニアのアンボセリで行われているゾウの反応を査定する実験は、死んだ仲間に対してゾウがどう応じるか、それに関するあらたな視点を提供している。

わたしがアンボセリのゾウの研究に肩入れしているのは自分でも認める。その理由のひとつに、ここでは二二〇〇頭ものゾウが個体識別されている点があげられる。サンブルの九〇〇頭という数もすごいが、アンボセリはそれをはるかにうわまわる数、そして、ここの研究者がどれほど集中度の高い仕事をしているかを知り、わたしが圧倒されていることは言っておかなくてはならない。それに、なんと言ってもここは、ヒヒの観察でわたしが十四か月すごした土地だ。アンボセリでわたしは、自分の家のまさに裏庭にゾウが地響きをたてて侵入してくるという、よそではちょっとできそうにもない観察を経験している。

アンボセリでは藁ぶきの日干し煉瓦の家に住んでいたが、ここはアンボセリ・ヒヒ調査プロジェクトの本部もかねていた。シンシア・モスが観察するゾウ（だとわたしは思っている）は、家の周囲を本当に驚くほどの近さで歩き回っていた。夜になるとわたしは、茂みを踏んでゆっくりと進んでいくゾウの重量感ある気配を網戸越しに感じた。昼は昼でタンザニアとの国境沿いにそびえる雪をいただいたキリマンジャロを背景に、ゾウの群れが横切っていく姿を見ていた。自分の縄張りは霊長類のほうで、ゾウについてきちんと研究したことはないが、住まいやフィールドでの偶然の出会いは忘れがたい思い出になった。

アンボセリのゾウは、死亡した身内の骨に触れたくて残された骨を探し求めているという説がある。本当にすばらしい話だとわたしには思えた。ゾウの賢さと感性を箱に詰め、きれいにラッピングしたような説である。わたしも、ゾウは血縁のゾウの骨と、同じ土地に生きるほかのゾウの骨を区別し、血縁があったゾウの骨には反応も異なると人に教えたぐらいだ。

根も葉もない噂や伝説のたぐいではない。そして、人気はいまだ根強いが、真偽のほども定かではない「ゾウの墓場」のような話でもない（死を目的にゾウが特定の場所に移動することはない。水飲み場に行く途中、近くの茂みで死ぬケースは単なる偶然より多いかもしれない。あるいは、大勢の人間によって撃ち殺され、死骸が散乱した様子がゾウの墓場に似ているからか）。じつは、骨を探すゾウの説はシンシア・モス本人の話からわたしは知った。

モスは『ゾウの記憶』（*Elephant Memories*）という著書のなかで、ある群れのリーダーが残した顎骨をキャンプに持ち帰ってきたときの出来事について触れている。ゾウは死んでから数週間がすぎていた。持ち帰って三日後、ゾウの群れがキャンプの近くを通過したときだった。顎骨のにおいをかぎつけた群れが、進行方向をぐるりと変え、骨のほうへと寄ってきたのだ。そして、捜索を終えて去ったあとも一頭のゾウが残った。死んだリーダーが産んだ七歳になる雄のゾウである。雄ゾウは、母親の顎骨をなでつづけると、鼻と脚を使って骨の向きを変えた。どういうわけかこのゾウには、骨が自分の母親のものであるとわかっている。モスははっきりとそう感じた。

アンボセリのほかのゾウが、血縁の遺骨——この例では群れのリーダーだった——に向けた反応は映像にもおさめられている。小さな群れの一団が地面に残る骨を囲んでいる。骨を裏返して、鼻で持ち上げているゾウがいる。鼻を使って、骨に残る裂傷やひび、へこみを探っている。驚くほどたんねんに調べているが、その間も何頭かのゾウが鳴き声をたえずあげていた。骨は地面に戻されると、ゾウたちはうしろ脚で触れはじめた。

アンボセリでは、ゾウが移動の途中に見つけた白骨を鼻でなでている姿はとくに珍しい光景ではない。しかし、だからといってこの映像の語り手が示唆（ほかの研究者も同じように書いているが）するように、骨を探るゾウの映像から、ゾウは仲間の死を嘆いていると見なしてもいいのだろうか。そして、残された骨に向けられた関心の深さは、死亡したゾウとの血縁の濃さに応じているのだろうか。

こうした説明がもっともらしく思えるのは、ゾウが血縁に応じて深い関係を結ぶこと、すぐれた記憶力に恵まれていること、そして死を悼む動物だと考えられているからなのだろう。とはいえ、だからしばらく前に死んだ骨をかけがえのない相手のものだと認め、敬意を表するために骨が残る場所を訪れると考えるのはやはり奇妙なことではないのだろうか。

死骸を〝埋葬〟するゾウ

この疑問について、カレン・マーコム、ルーシー・ベーカー、シンシア・モスの三人は、アンボセリで行った実験を通して解明を試みた。近親の骨に示したゾウの反応を目撃して抱いたモスの印象に対し、三人が精力的な追跡調査を始めたという点では、科学者の仕事とはどういうものかを知るお手本のような実験だ。

実験に課された三つのテーマは、ゾウはほかの対象物に比べると、頭蓋骨や象牙に強い関心を示すのかどうか。ゾウはほかの大型哺乳類の頭蓋骨よりも、仲間の頭蓋骨に強い興味を示すかどうか。さらに、ほかのゾウの頭蓋骨よりも、近親のゾウの頭蓋骨を好んで調べようとするものなのか、である。

実験の結果、答えは「イエス」「イエス」「ノー」であることが明らかになる。ゾウはほかの対象物や自分の種以外の動物の骨に比べると、仲間の骨に強い関心を向けたが、しかし、ほかのゾウの頭蓋骨よりも近親のゾウの頭蓋骨を好むという点についてはなにひとつ証拠を得ることはできなかった。

最初にマーコムらは、ゾウの群れ（一回の実験ではひとつの群れが対象）の前に、象牙、木材、ゾウの頭蓋骨を並べた。実験では、並べ方をはじめ、ほかの点でも科学者らしい的確な処置が講じられていた。実験対象をどこに置くのかも慎重に管理され、右端、中央、左端に置くものも決まっていた。ゾウの反応はビデオに撮影されたが、それらの分析では、ゾウが鼻や脚を使って調べる際、どれだけの時間を要したかという点にもとくに注意が向けられた。

三つの対象物のうち、ゾウが一番好んだのが象牙。ついで頭蓋骨、木材の順だった。生前、頭蓋骨は目にできないので、ゾウは象牙を好んだのだろう。象牙に残る傷や欠けぐあい、変色などの様子から、持ち主がすぐにわかったのかもしれない。象牙と存命中のゾウの関連性についてはマーコムらも触れ、その可能性に言及している。

次に三種類の頭蓋骨を使った実験だが、頭蓋骨はそれぞれゾウ、水牛、サイのもので、この三つが群れの前に並べられた。自分と同じ種の頭蓋骨をゾウが好んだのは一目瞭然で、ほかのふたつにはいずれも同じような無関心ぶりを示した。そして、三番目の実験は、過去一年から五年のあいだにリーダーをなくした三組の群れを相手に行われた。群れの前に、かつてリーダーを務めた三頭のゾウの頭蓋骨がそれぞれ置かれた。そのうちのひとつは、生前、自分たちを率いたゾウのものである。だが、リーダーのものだったとはいえ、群れのゾウたちが示した興味の様子に明らかな違いはうかがえなかった。

では、モスが報告した七歳の雄ゾウが母親の骨を愛撫していた件はどうなってしまうのか。実験の結果では、母親の骨から去ろうとしなかったゾウにうかがえた感情は否定され、ゾウは最愛の相手の骨に触れ、死を悼むという説は意味をなさなくなってしまう。この疑問に対して、わたしは「そうではない」と考える。動物の行動に精通する研究者、さらにそれに準じる者が細心の解釈に基づいて報告する事例なら、動物にはそうした行動が可能ななんらかの能力、あるいは感情を表現できる能力があるのかもしれない点が暗示されているからだ。肉親や友人の死を悲しむ個体が存在するなら、近親の遺骨を愛撫する個体が存在するのなら、ゾウのこうした行動は、その研究者にとってまぎれのない事実であり、ある意味を帯びた行動なのだ。

動物が抱く感情に関して言うなら、最近の動物行動学は、信頼にたる観察者が報告する事例の分析と、正しく管理された実験から得られた証拠（アンボセリの実験でもわかるように、野生であっても飼育下にあっても変わりなく得られる証拠）の両面から考えようとする。分析と証拠は補完関係にある。報告された事例がきわめて珍しいものでありながら、動物の行動において、思いもしない可能性と感情の深みを示すヒントをもたらす場合がある。このような場合、正しく管理された証拠が求められることで、深読みをしたくなる勝手な思い込みにブレーキがかけられるのだ。

マーコム、ベーカー、モスの三人は、突拍子もない自分たちの予想に対して、実験でも同じ結果が得られるのかどうかという制約を設けた。ゾウ（すべてのゾウという意味で）は親族の骨をそれと認め、ほかのゾウの骨よりも好むものなのか。そうすることで今度は、ではゾウ（これもすべてのゾウという意味）はどのようにその死を嘆くのかという推測について制約を負わせる。

マーコムの研究から、ゾウは自分と種が同じ生きものの骨に、きわめて旺盛な好奇心を示すという事実がうかがえる。こうした傾向は、ゾウが日々の生活において、自分の親族の骨（親族関係にないゾウの骨も同様に）にひかれ、そして、骨に接触したがることをまぎれもなく意味している。ただ、ゾウがどうやってその骨を自分の親族のものだと容易に見分け、遺骨の主の死を悲しむことができるのか、それが依然として謎のまま残っているのだ。

アンボセリの「エコー」という群れが、年若い雌のゾウの死骸に遭遇したときだ。死んだ若い雌ゾウは何週間も病気を患っていた。群れのゾウは死骸の様子を調べていたが、それ自体はとくに驚くものではない。問題はこのあとなのだ。ゾウは驚くような行動を始めた。その光景を観察したシンシア・モスはこう伝える。

ゾウは――死骸のまわりを掘り返すと、その土を残された体のうえに置いた。茂みの枝を折ったり、葉をむしったりすると、それを運んで死骸にかぶせるゾウもいた。このとき、保護区の監督官が操縦する飛行機が上空を旋回し、機体を急降下させた。あとで象牙を回収するため、同乗する保護官に死骸を確認させるためだ。だが、ゾウはすっかり脅えて逃げ去ってしまう。邪魔が入らなければ、ゾウは死骸を埋葬していたかもしれないと思う。

中途だったとはいえ、ゾウが埋葬する様子を目の当たりにしたのは異例のことにちがいない。この行動は、仲間の死骸を傷つけないためだと解釈されたのだろうか。長期間にわたってゾウを観測してきたほかの研究者（少なくともわたしが知っているかぎりで）は、なぜこうしたゾウの行動を報告していないのだろうか。ゾウの埋葬などそうたびたび起こることではあるまい。それとも、ゾウのこうした行動を研究者が発見できないまま、観察の時間だけがいたずらに費やされるのが普通だったのだろうか。ゾウに精通するモスの報告だけに、その真偽を疑うことはできない。

友の墓前に残した贈り物

アメリカのテネシー州ホーヘンウォードにあるエレファント・サンクチュアリでも、ゾウの行動は細部にわたって知ることができるが、こうしたところでは施設のスタッフが動物を観察する。ゾウの生育歴（多くはサーカスや動物園など）、新しい生活への適応、どのゾウと親交を結んでいるか、どんな個性をもっているかなどが綿密に記録されている。

知識と思いやりのあるスタッフらによって、ゾウの行動は微妙な点にいたるまで観察されたあと、結果はサンクチュアリのウエブサイトにアップされるので、ゾウに深い関心を寄せる人たちも詳しく知ることができる。ホームページには、ここに暮らすゾウ一頭ずつにコーナーが設けられており、わたしがとくに心をひかれたのはティナという名前のゾウの話だった。

ティナは一九七〇年にオレゴン州ポートランドの動物園で生まれた。二歳のときにカナダのブリティッシュコロンビアにあるレジャー農園に売られたが、それから十四年間、ティナは飼育小屋でひとりぼっちの毎日をすごした。仲間はスージーという名前のセントバーナード犬一頭しかいなかった。ほんのときたま、オーナーの子どもたちが泊まりがけで訪れるのをティナは楽しみにしていた。十四年という歳月をティナはどんなふうに感じていたのだろう。たとえようもない寂しさを日々耐えるようにして送っていたのだろうか。

しかし、とうとうティナにもテンペという仲間のゾウが加わる。二頭の雌ゾウは、農園が売りに出され、グレート・バンクーバー動物園と名前を変えたあともいっしょにいることが許された。ふたたび始まった動物園暮らしだが、今度は仲間がいた。けれどそれも二〇〇二年まで。テンペ一頭がアメリカの動物園に売られていく。ティナはまたもやひとりぼっちになってしまった。

すでにこの時点で、ティナの健康状態は万全とは言えなかった。太りすぎていたし、増えた体重が原因で脚にも問題が生じていた。動物園のゾウによく見られる症状だ。職員はティナの面倒もよく見てくれたが、肉体的にも精神的に厳しい負担を強いる動物園の生活からティナを解放してやりたいと心を砕いた。二〇〇三年八月、こうしてティナは三〇〇〇マイル（約四八〇〇キロ）離れたテネシーにあるエレファント・サンクチュアリに連れてこられた。そしてここで、ティナは長年にわたって自分から遠ざけられていたものをついに見つける。それは、自分と種を同じくする仲間とのあいだで結ばれた断たれることのないつながりだった。

だが、その幸せは一朝一夕で訪れたわけではない。そうなるにはゾウと人間の双方が、精神的にティナを指導して、地道に慣らしていかなくてはならなかった。なんといってもティナは、これまで三頭以上のゾウといっしょに暮らしたことがない。突然のこととはいえ、ほかのゾウから送られてくる山のようなメッセージと格闘するばかりか、こみいった仲間との関係にも応じなくてはならない。二〇〇四年はじめのころまで、仲間のゾウに対するティナの交流にはまだためらいが残っていた。小屋に二頭を超えるゾウがくると、ティナはいつも自分からその場をはずした。

ところが、その年の一月中旬のある夜のことだ。はじめにタラ、続いてジェニーという名の雌ゾウがティナの仕切りに入ってきて、その体をすり寄せてきたのだ。ティナは隣のしきりへと逃げたが、二頭のそばにとどまることを選んだ。ジェニーがティナのしきりに入ってきたときには、ティナはボールや干し草に気をとられているふりをした。しかし、そんなティナも最後には二頭といっしょにいてくつろぐようになっていた。

それが最初の一歩だった。同じ一月、今度はウィンキーとティナのあいだに絆が花開く。ウィンキーがティナに対して、こっそりと仲よくしたがっている気配にスタッフは気づいていた。ウィンキーの場合、サンクチュアリの仲間に溶け込むまで二年以上かかった。どうやら今度はティナに親しみを覚えているようなのだが、同時にその証拠を人の目から隠そうとしていた。

ウィンキーの生育歴を振り返ると、こうした態度を示すのもわからなくはない。ミャンマーの野生に生まれたウィンキーは、一歳のときに捕獲され、アメリカの動物園に連れてこられた。その動物園の飼育員が、きわめて厳しい方法で一方的なしつけを押しつけた。ウィンキーが動物園で負わされた厳しい思い出を忘れるには数年の歳月がかかったが、しかしなんとか立ち直ることはできたらしい。ウィンキーがティナのかたわらに立ち、相手の体に触れたとき、そんなウィンキーを励ましてくれたのがサンクチュアリのスタッフだった。

ウィンキーとの幸せな関係が続く一方で、三月を迎えるころには、ティナはシシーとのあいだにも絆をはぐくんでいた。タイの野生で生まれたシシーも、ウィンキーと同じように、一歳のときに捕獲された。家族と引き離されて動物園に閉じ込められた半生は困難をきわめ、悲しくてつらい経験ばかりをしてきた。流れ着いたのはテキサスの動物園で、ここでも飼育員に殴られつづけた。そんな生育歴を負いながらも、サンクチュアリのシシーはいつも穏やかにふるまっていた。ただし、シシーはどこにいくにもタイヤを離さず、タイヤを精神安定剤の代わりにしていた。そんな事情は抱えていたが、シシーは仲間のゾウといっしょにいるのも大好きだった。

最初のうち、ティナの応対は愛情が感じられない調子で、シシーの体を押したり、引っ張ったり、突いたりとへまがいくつも目立った。しかし、シシーの辛抱づよさは尋常ではない。四月を迎えるまでには二頭は仲のいい友だちになっていた。この間、ティナの脚もいちじるしく快方に向かった。ティナが心身の両面で回復したのは大いに合点がいく。人間も同じようにして、体と心がともにいやされていくのは決して珍しいことではないだろう。

サンクチュアリのスタッフもティナの回復を前向きに考え、六月には左右の前脚の型までとり、ティナ専用の特注の靴をあつらえようとしていた。傷んだ脚が保護できたら、たぶんティナはこのサンクチュアリの豊かな大地を自由に探検できるようになるだろうと考えた。ここには小川が流れ、どろんこ遊びができるばかりか、手ごろな遊び場が何エーカーと広がっている。仲間のゾウと同じように、このサンクチュアリはティナの大地でもあるのだ。

ティナの将来を考えたこうした願いがかなうことはなかった。七月、ティナは突然死んだ。運動機能障害や食欲不振の治療は受けていたが、どれも問題と言うほどではない。体はおおむね健康で、差し迫った状態にあるとはとても思えなかった。どさりと、ティナの体がくずれおちた。そして、もう一度脚を持ち上げ、体を起こすために必要な筋肉を奮い立たせる力はティナには残っていなかった。敷き詰められた干し草に横たわり、ティナは息をひきとった。

面倒を見ていたスタッフはショックを受け、その日はもちろん、その後もかなりの期間にわたって胸を痛めつづけたが、わたしが注目したいのは、このときタラ、ウィンキー、シシーの三頭のゾウが示した反応だ。最初にティナの遺骸のもとにきたのはタラだった。これから数年後のことになるが、タラはマスコミを大いににぎわす存在になる。ベラという名前の犬とタラのあいだに結ばれた固い絆がＣＢＳの番組「サンデーモーニング」で放送され、さらに『びっくりどうぶつフレンドシップ』という本も出たことで注目を浴び、「タラとベラ」の物語として一躍、世間の知るところとなる。だがそれはもう少し先の話でいまは二〇〇四年、タラは最愛の友人ティナを亡くしたばかりだった。

ウィンキーとシシーもティナのかたわらに寄ってきたが、二頭はその日ひと晩中、そして翌日の何時間かをティナの近くですごした。二頭とも食事や水、散歩にさそわれても見向きもしなかった。シシーは静かにたたずみ続けたが、ウィンキーは違った。とりみだした様子とティナの体をなんども突こうとするその動きから、ウィンキーの心のうちがうかがえた。

次の日、ティナを埋葬するためにスタッフが集まった。タラとウィンキーはお墓のすみのほうで立っていたが、そこにシシーが加わり、三頭は午後から翌日までその場にいつづけた。やはりこの日も三頭は三頭なりに明らかに異なる様子でティナの死を悲しんでいる。タラは鳴き声を大きくあげ、スタッフの関心をひこうとし、シシーは墓のそばでじっとしている。ウィンキーは体をこわばらせ、行ったりきたりしていた。

翌日のことだった。ティナの墓のそばから立ち去る前、シシーはある行動をとっていた。それは人間が目にしたら、驚かずにはいられないようなふるまいだった。あれほど大切にしていたタイヤ、シシーにとってお守りの安心毛布のようなタイヤ——そのタイヤをシシーは親友の墓の前に置いていった。ゾウのたむけたタイヤは、数日間そこに置かれつづけた。

第6章 死んだ子ザルを手放せない――サル

スリランカに生息するオナガザル科のトクモンキーは、絵のような楽園の世界で暮らしている。緑の木々は天蓋のように枝を張り出し、梢のなかでサルは枝を握る両手を器用に使い、枝先から糸をたらしてぶらさがるまるまると太ったイモ虫をたぐり寄せていた。森の自慢はたわわに熟れた果物と点在する小さな湖、湖にはやはりトクモンキーが好物にするスイレンの花が咲き乱れる。

しかし、これほど豊かな実りに恵まれながら、トクモンキーは群れに向けられた危険と、群れのなかに存在する危険の双方にさらされて生きている。イギリスの動植物学者、デビッド・アッテンボローは、記録映像『賢いサル』(*Clever Monkeys*)のなかで、ここに生息する群れのなかでも、下位のランクに属するサルが負わされた負担を具体的に次のように説明する。湖に張り出した枝にぶらさがり、体をぬらさずにスイレンを手に入れられるのは、群れのランクの高位にいるサルで、下位のサルは水に入って、地下茎や球根を引き上げなくてはならない。ただ、これには問題がなくもない。手間がかかるとか、相応の技術が必要というだけではなく、この湖には逃れられようのない危険がいつも潜んでいた。湖にはオオトカゲが生息しているのだ。

オオトカゲの危険を知ったサルは、水に入るときには水辺に見張りを立てるようになった。オオトカゲの姿が見えたら、警戒の声を大きくあげて仲間に知らせるのが見張りの仕事。当番のサルが目をこらして見張るので、この方法はじつにうまくいった。ただ、問題のその日、若いサルが水に入ってスイレンを集めていると、見張りのサルがいねむりを始めてしまう。

オオトカゲの姿を認めた別のサルが警告を発したが、すでに遅すぎた。映像はオオトカゲ特有の、左右に体をくねりながら重そうに泳いでいく姿をとらえている。トカゲの口には死んだサルががっちりとくわえられていた。どのサルもあとを追ってはいかない。集団でオオトカゲと戦い、仲間を取り戻そうともしない。オオトカゲが袋だたきにあうことはなく、仲間のサルに嘆く気配はうかがえなかった。

このあと、べつのトクモンキーが木の下で死んでいる映像が登場する。群れの覇権をあらそい、雄同士の一騎打ちに敗れたサルだった。手足はすでに硬直し、顔には苦悶のあとがうっすらとうかがえる。群れのサルが寄ってきたが、そのなかには死んだこのサルの子どもが何頭かいた。七～八頭のサルがわっと死体を取り囲む。体にかぶさってにおいを確かめるサルがいれば、死体に触れるサルもいる。伸びきった腕を持ち上げても、腕はドスンともとの位置に戻ってくる。しかし、興味にかられていたサルの群れもしばらくすると去っていき、木の下にはボスザルの死体がうち捨てられていた。

このふたつの死に向けられたサルの反応は、自然界ではごくありきたりのシナリオだ。若いサルのケースでは、死はあまりにも素早く、死体はオオトカゲにくわえられてその場をあとにした。唐突な死に、残されたサルがなにを思い、なにを感じたかはいずれにせよまったく不明だ。年老い、政敵に殺されたボスザルの例では、群れのサルが示した反応は特徴的だった。死体は、視覚、臭覚、触覚のいずれの点からもくまなく調べられている。

その様子を観察している人間の目には、死体を取り囲んでいるサルが、ただならぬことが起きている事実に気がついているのは明らかだ。死んだサルがただ休んでいるのか寝ているのか、あるいは傷ついているのではないかと、ほかのサルたちがとまどっている気配はまったくなかった。そして、その死を悼む様子もまったくうかがえなかった。

視線を交わしあう母と子

野生のもとで仲間と強く結ばれた霊長類は、かなりの頻度で仲間の死と遭遇している。霊長類学の研究家、ジーン・アルトマンは、古典的名著となった『ヒヒの母子』(*Baboon Mothers and Infants*)のなかで、ケニアのアンボセリに生息するヒヒの死亡率は生後二年間で年間三〇パーセントだと報告する。死亡率はその後いったん下降したあと、ふたたび上昇に転じ、成人期を迎えるころには雌で一二パーセントに達する。この数字はある特定のサルを対象に、特定の期間にわたって観測したものだが、こうした統計データを他の野生動物の生息動態におしひろげて類推するのは珍しくはない。

野生に生きる動物にとって、群れの仲間はもちろん、自分の子孫やごく近しい親族、あるいはパートナーを失う機会は決して希有なことではない。動物の悲しみや哀悼という問題を進化論の観点から考えるなら、それに反する仮説(統計学で「帰無仮説」と呼ばれるもの)が頭をよぎる。つまり、生存や繁殖といった問題にたえずさらされる野生動物は、群れの仲間が死んだとしても、その死を悲しむために貴重な時間や体力をわざわざ使わないという考えだ。あるいは、そうはっきりと断言しないまでも、動物が仲間の死を悲しめるような情況は、生存に必要なエネルギーがありあまるほど手に入る場合にかぎられるという考え方だ。

仲間の死に際し、感情的な反応がとくに起こらないとすれば、悲しみの不在は、自然淘汰の原理のもと、体力温存のための戦略だと説明づけられてしまうのか。そうだとすると、悲しんではいても、その感情をただ無視している動物が存在しているのか。

それとも、なんの思いも感じてはいないのだろうか。生身の動物に直接的なストレスを与え、その反応を調べるような侵襲的測定なしに、ただ観測を通して考えるだけでは、こうした違いは明らかにはできない（侵襲的測定でなにがわかるかはのちほど考えてみたい）。

湖でオオトカゲに引きずりこまれたサル、その死を悲しむサルがいるなら、それはこの若いサルの母親のはずだ。霊長類のほとんどに言えるのだが、とりわけトクモンキーのようなマカク属においては、母と子の関係はとても濃密だ。同じマカク属のアカゲザルの母子のあいだでは、「互恵的対面コミュニケーション」と呼ばれる交流が行われていると報告されている。母ザルと子ザルで交わされる一連のしぐさには、唇を動かして音を立てるリップスマッキング、口と口との接触、なかでもとくに大切なのが、時間をかけてたがいにじっと視線を交わしあう行為である。

赤ん坊と母親の絆を深めていく際、視線を交わしあうことがどれほど大切かは、人間という自分自身の種で考えてみてもいい。娘のサラが生まれたばかりのことだ。わたしには十九年たったいまも鮮明に覚えている記憶がある。その日は土曜日で、サラの誕生からちょうど四週間目にあたった。近所に引っ越しのあいさつに出かけようと、わたしはサラを抱いて自宅前の通りを渡っていた。

十一月の冷たい風で風邪をひかないよう、温かくくるまれたサラに目をやったときだ。わたしの視線をとらえたサラが、その顔に大きな笑みを浮かべてくれた。発達心理学の研究者が「社会的微笑」と呼ぶ微笑みであり、新生児の口の筋肉が起こす反射運動とはまったく異なる。赤ん坊が意識し、それと考えてこちらに寄こした微笑みだ。子育てにてんてこ舞いだった新米のママには、たがいに見つめあい、娘がはじめて見せたこの微笑には、ある特別な意味がこめられていた。そう、この子もわたしを愛してくれているのだ。

サルの母子に見られる感情的な交流がどのような輪郭をもつのか、それについてはまだ十分な研究はなされていない。けれど、母子で交わされる凝視と微笑は、生まれたばかりの子ザルの生命力をはぐくみ、母子ふたりの関係に心地よさ、あるいは満ち足りた思いをもたらすと言ってもあながち的はずれではないだろう。

生まれたばかりの子ザルは、母親のお腹にしがみついたまま離れようとしない。母親は、赤ん坊のサルにとって、最初のうちは世界そのもの。温もりや食べ物を自分に授け、自分を守ってくれる源だ。母親にとって、子ザルの世話は一方的に捧げるもの。四六時中、なにをするにも子ザルを抱きかかえることから始まる（少数だが、サルの種類によっては父親や兄弟が手を貸す場合がある）。〝たかい、たかい〟をしてあやしたり、いっしょに遊んだりしている。あるいは愛おしそうに唇を鳴らし、子ザルの視線をとらえて目と目を交わしあおうとする。

しかし、死亡率を示すデータからは、母ザルの多くが早いうちに赤ん坊を失っている事実が見えてくる。子ザルが死ぬとどうなるか。その体をただ横たえる母親、死んだ場所に放置して、いつもと変わらない毎日を始める母ザルがいる。死体を手放したことに悲しむ様子はとくにうかがえない。その一方で、死んでもなお子ザルを抱き続ける母親がいる。そしてこの行為は、失ったわが子に対する母親の悲しみの表れなのだろうか。

四十八日間、死んだ子ザルを抱きつづける

母ザルが子どもの死体を手放さない様子は、トクモンキーやアカゲザルと近縁のニホンザルの集団を二十年以上にわたって研究する日本の霊長類学者、杉山幸丸らによって観察されている。日本の南西、九州にある高崎山、その南斜面に生息するサルを対象にした観察だ。野生に生きているサルの人口動態だけに、幼児死亡率はやはり高い。九年におよんだ綿密なデータ集計では、一年以内の死亡率は二一・六パーセントだった。

子どもの死骸を運びつづける母ザルについては、さらに長期にわたる観察が続いた。二十四年以上にわたる観察の結果では、六七八一件の出生に対して、一五七件の事例が記録されている。研究班は得られた全データをさまざまな点から分類し、たとえば

死亡年齢、死骸を運んでいた期間などの各点から結果をまとめた。死亡から一週間以内に死骸を手放した母ザルは九一パーセント、抱き続けた最長記録は十七日だった。

死んでから十七日も経過すると小さな死骸にはハエがたかり、激しい腐臭を放ちはじめる。群れのサルの多くが母ザルを避けるようになっていたが、逆に若いサルは興味をそそられていた。だが、死骸にちょっかいを出そうものなら、母ザルは怒って若いサルを追い散らした。

杉山らは研究報告で重要な問題を投げかけている。死骸を運びつづける行動は、母性的な感情の表れなのか、それとも自分の子が死んでいると認める意識が母ザルに欠落しているのかという疑問だ。野生のサルが体力をどう割り振っているのか、その点を含めて考える必要がある。死骸を運びつづける行動は、母親に相応の体力の消耗を強いる。高崎山にすむサルは、連日、急斜面を移動しなくてはならず、死骸を抱えたままでは、手を思うように使えない。移動やエサ探しにまちがいなく支障をきたしているはずだ。

にもかかわらず、なぜ母親はこうした行動がやめられないのだろう。生後三十日以内に赤ん坊が死ねば、母ザルは死骸を運び続けなくてはならないのがルールとでも言うのか。しかし、生後一日以上を生き、それから数日のうちに死ぬ例は決して珍しくはない。杉山の研究チームが指摘するように、母親のこうした行動はある時期に一致

死んだヒシャムを抱き続けるゲラダヒヒの母ザル、ヘスター
(photo by RYAN J. BURKE)

する。その時期とは、子ザルは自分では動き回ることはできないが、授乳のために規則的に母親の体にしがみつくようになるころだ。もっとも、この時期に死んだ子ザルのすべてを母親は抱きつづけるわけではないが、子どもの体の大きさや年齢をきっかけに、母ザルがこのような本能的な行動におよんでいるわけではなさそうなのである。

わたしが興味をそそられたのは、一日でも長く生きた子ザルのことであり、おそらくその時間のぶんだけ母親と感情的なつながりを深めた場合だ。しかし、母ザルがさらに長期間抱きつづけた死骸はこうした子ザルではなく、母ザルでさえ自分の子がどんな子なのかよく知らないうちに死んでしまった子どもだった。資料という資料を検討しても、そこに記された行動は、サルも悲しんでいるという主張にしっくりとなじむものではなかった。

母ザルが子どもの死骸を抱きつづける行動は、

エチオピアのグアッサでゲラダヒヒの研究をしているピーター・ファッシングらも報告している。ゲラダヒヒは、体が大きく、長毛におおわれており、エチオピアの高原地帯に広がる草原に生息している。三年半にわたる調査期間中、十四頭が子ザルの死骸を抱き続けたが、わずか一時間で死骸を置いた母親がいれば、それよりもはるかに長く抱き続けた母親がいた。多くのケースでは、一日から四日にとどまったが、十三日、十六日、四十八日間と、きわめて長い期間抱き続けた三頭の母ザルがいた。これほどの期間になると、死骸は徐々にミイラ化し、高崎山のニホンザルがそうだったように、強い腐敗臭を放つようになっていく。

抱え続けるにしても四十八日間は長く、それだけに母親のかたくなな意志がうかがえる。母ザルはこの間、ふたたび繁殖期を迎えていたが、死骸を片手に交尾している姿が観察されている。少なくともこの母ザルについて言うのなら、子ザルの死骸を抱きつづけたことと、死骸を放棄したきっかけについては、ホルモンの変化から説明することはできない。ホルモン変化は、子ザルが母親の乳を飲むのを突然やめた際に起こりやすいのだが、この母ザルはその期間はもちろん、それをすぎても死骸を放そうとしなかった。

抱き続けた期間もさることながら、グアッサの調査でひときわ目を引くのは、母親以外の雌ザルが死骸に強い興味を示していたという点だ。雌の子ザルの死骸を抱くことが群れの若い雌ザルに許され、死骸の毛づくろいをしていた例が二件観察されている。この群れは比較的小さなもので、昼間はめいめいでエサを探し、暗くなるとねぐらにする崖にふたたび集まって生活をしていた。注目すべき一例として、ファッシングの研究班は、別の群れの雌が産んだ子ザルの死骸を、この群れのある雌ザルが抱いている姿を目撃する。雌は死骸の毛づくろいを済ませると、べつの若い雌が同じことをするのを許していた。

死んだ母親のそばで鳴く子ザル

体力温存説を忘れたわけではないが、それにしても、ほとんどの母ザルに悲しみの気配がはっきりとうかがえない事実にわたしは驚いていた。十四か月にわたるケニア滞在で、アンボセリのヒヒはきわめて親密で、行動面においては頭もよく、戦略的でもあり、仲間や友人は自発的に守ろうとすることは知っていた。けれど、資料を読み、霊長類学者の話を聞いても、観察からサルが悲しんでいる事実を示唆する例はほとんどないと結論づけるよりほかなかった。

ところが、ファッシングらの報告書に書かれていた次のような一節を目にして、わたしは自分がくだした結論に疑いの念を深めた。二〇一〇年四月、テスラとタスクと名づけられた母子のゲラダヒヒが死んだ。母親のテスラは寄生虫に感染した直後から重い症状を示し、目に見えて弱っていった。しばらくのあいだ、群れの二頭の若い雌が生後七か月のタスクの面倒を見て助けてくれた。

しかし、テスラの病気がひどくなり、ねぐらにする崖から動けなくなると、ほかのサルはテスラを残してエサを探しにいくようになった。母子はエサを探しに出かけ、崖から一七五メートル離れた場所までなんとかやってくることができた。その夜、群れがふたたび集まった。ねぐらからは母子がいる場所は見えなかったのだろう。ゆくえがわからなくなっても、気づかう様子を示すサルは一頭もおらず、探しに行こうとする仲間もいなかった。

翌朝、調査チームはテスラの死体を発見した。かたわらではタスクがたったひとりで「体を左右に揺らし、悲しそうに鳴いていた」。タスクはその日一日中鳴き声をあげていた。次の日の朝、息をひきとったタスクの姿が見つかった。

母親の死にタスクはなんらかの感情を覚えていたのだと、わたしには思えてならない。寒さにふるえながらただひとり、群れの庇護が届かない場所に置かれている。母は力なく横たわり、なんの反応も返してくれない。タスクが悲しんでいたなら、タスクはひとりでその思いに苦しまなければならなかった。当時、エチオピアでこのケースに携わっていた霊長類学者、タイラー・バリーに、タスクはどんな思いを感じていたと思うかたずねてみた。バリーは自分の解釈をこう語った。

「鳴いて体を揺すっていたから、タスクは自分の母親の死を悲しんでいたという説にはどうもなじめない。あの時点でタスクが約二日間乳を飲んでいなかったのはまちがいない。脱水状態におちいっていただろうし、空腹も頂点に達していたはずだ。結局、最後には寒さが原因で死んだのはたしかで、ああやって体を揺すっていたのも寒さのせいだったのかもしれない」。

バリーは、群れがねぐらにしている崖と母子がいた場所が離れているのを確認している。二頭が苦しんでいても、群れの仲間はおそらく気がつけなかった。「二日目の朝、雄のヒヒの群れがきて、テスラの死体をちらりと見ていった。雄の群れはともかく、母子のいた場所は、タスクの鳴き声も聞こえないほどねぐらの崖から離れていた」とバリーは言う。ゲラダヒヒの雄は、テスラと規則的な交流があったわけではなく、死体につかの間の関心は示したものの、死んだテスラのことを悲しむにはほど遠かったようだ。

母ザルが子どもの死骸を抱き続ける行動に悲しみが伴うのか、あるいは、母親の遺体のかたわらで、ひとり寝ずの番をしていた子ザルは悲しみを覚えていたのか、観察を通じてそれを確かめることはどうしてもできない。これまでのところ、野生のサルは体力を浪費してまで嘆くようなことは絶対にしないというあの説は、依然として大きく立ちはだかったままだ。

霊長類学者のドロシー・チェイニーとロバート・セイファースは、野生のサルの行動に関して世界でもトップクラスの専門家だが、共著『ヒヒの哲学』(*Baboon Metaphysics*)のなかでふたりは、サルの悲しんでいる様子は外観からはうかがえないと書いている。死にかけている子ザルの体を運び続けても、その扱いは健康な子ザルを扱う場合とまったく変わらないという。

ふたりはこの観察結果をもっと広い文脈に当てはめてみた。サルは、病気の仲間とエサを分け合うこともなく、老いた仲間、体の不自由な仲間を助けることもない。ヒヒの母親にいたっては、「川を渡っている最中、あるいは母親と離ればなれの状態のとき、子どもがどれほど不安を感じ、脅えていようとも、母親は驚くほどの無関心ぶりであることが少なくない」と書いている。

死にかけた子ザルではなく、母親が死んだ子ザルを抱えていると、ほかのヒヒは子ザルに関心を示そうとする。すでに触れた話だが、関心と言ってもかぎられた範囲での関心だ。「群れの仲間には、死んだ直後から子ザルの状態が変化したように見えるらしい。子ザルとして扱うのをやめてしまう」とふたりは書いている。死骸をじっくり調べるが、生きている子ザルに出すような、のどの奥でうめくような低い声は決してあげたりしない。母親から死骸をとりあげるようなこともない。

とくに興味を覚えるのは、母ザルが死骸を置いてその場を立ち去ると、近縁のサルや雄の友人が寄ってきて、母親が戻るまで見張っている場合がある点だ。DNAのサンプルを採集しようと研究者が近づこうものなら、群れのヒヒに威嚇されることにもなりかねない。ヒヒのこうした反応は、悲しみや同情を意味しないとチェイニーとセイファースは言う。これは所有感に根ざしており、生きていたころも死んでからも子ザルは特定の雌のもの、群れという集団全体のものだと考えている。

“遺族”に残された悲しみの証拠

さらに直接的な観察結果を得るため、生理学的な測定を用いたらどうだろう。チェイニーとセイファースは、ボツワナのオカバンゴ・デルタにあるモレミ野生動物保護区で、野生のヒヒを長期間にわたって観察してきた。そして、ふたりの指揮のもとである研究が行われる。それは、サルは悲しみを覚えているのかという疑問に対し、生化学的な洞察を加えたものだった。

アンボセリと同じように、オカバンゴでも、ヒヒは雌雄別々の群れをつくって暮らしている。雌の血縁によって深く結びついた群れは、母系重層社会と呼ばれる。祖母、母親、娘、オバ、姪、幼い雄や甥が密接にまとまり、仲間同士で毛づくろいをしあう社会的グルーミングや群れのつきあいで時間をすごす。雄は思春期を迎えると、雄だけの群れに移っていく。このパターンでは、血縁で結ばれた大人の雌と異なり、成長した雄のヒヒはどの群れに移っても、たがいに見知らぬもの同士で集まることになる。アンボセリ同様、オカバンゴでもほかの動物に襲われ、命を落とすケースは非常に多い。二〇〇三年から〇四年にかけての十六か月、ここでは二十六頭のヒヒが死んだが、うち三頭以外、つまり二十三頭は健康なヒヒだった。二十三頭のうち十頭については、観察者による目視あるいは残された死体によって捕食されたものと確認された。残る十三頭も、捕食動物の目撃、仲間があげた警戒の声から判断して十頭と同じ運命をたどったものと推測されている。

こうした危険にさらされているので、オカバンゴのヒヒは強いストレスを感じており、影響は体にも現れている。アン・L・エングらはヒヒの糞を集め、そこに含まれるグルココルチコイド（GC）というホルモンの量を計測した。グルココルチコイドはストレスホルモンの一種で、体内を循環したのち排泄物として出ていく。群れが四週間たてつづけに捕食動物に襲われたときだった。雌のGCを調べていたエングらは、数値が計測可能なレベルで上昇していることに気がつく。ぴんとくるものがあった。たとえば、自分の家族や親戚のだれか、あるいは親友がライオンやヒョウに突然押し倒され、いままさに食い殺される場面を想像してもらいたい。そんな光景を目の当たりにすると、わたしたち人間のストレスホルモンも爆発的に放出される。

調査をさらに続けていくうち、研究チームは、ヒヒの体に残された悲嘆の化学的特徴を発見する。近親を失った二十二頭の雌のヒヒ（影響を受けた雌）と、その経験がない二十二頭の雌（比較標準のための雌）をGCの数値で比べてみたのだ。その結果、影響を受けた雌からはきわめて高いGCが検出された。捕食動物に襲われる様子は、群れの大勢のヒヒが目撃していた。だが、GC値にとくに大きな変化を示していたのは、襲われたヒヒの〝遺族〟にあたる雌だった点をエングらは重く見た。

ストレス値の上昇は四週間ぐらいしか続かないが、おそらくそれはヒヒが求めて毛づくろいの相手を増やそうとし、その回数も増えていくからなのだろう。体を清潔に保つために毛づくろいは欠かせない行為だが、仲間と毛づくろいを〈する－される〉という関係は、群れでの生活を円滑にしてくれるものなのだ。「あとに残された雌は、仲間とのつきあいを広げていくことで、自分の喪失に対処しようとする」とエングらは語っている。

ヒヒに人間を安易になぞらえているのは承知のうえだが、わたしは最愛の相手に先立たれた人たちの顔をどうしても思い浮かべてしまう。こうした人たちもまた、落ち着きを取り戻すにしたがい、地域活動や地元の教会、あるいは職場の仲間に新しい友人を探しはじめようとしていた。わたしがもうひとつ驚いたのは、正式な論文でありながら、エングが〝遺族〟という言葉をあえて使っている点だ。サルの感情生活に関して、それとはっきり示す言葉はこれがはじめてで、しかもエングの観察は、社会的行動というよりも、生理学の視点からなされている。エングに会い、オカバンゴのヒヒに悲しみに沈む気配はうかがえたかとたずねたとき、審査を経たこの論文には書かれていない事実を知ることができた。

エングが話してくれたのは、シルビアとその娘ですでに成長したシエラという名前の母子のヒヒだった。「毛づくろいはいつも母子で行い、ほかの雌にはさせようとせず、ほとんどの時間を二頭ですごしていました」。だが、シエラがライオンに襲われる。エングには、シルビアが嘆いていたように見えた。群れから離れて座りこみ、群れの仲間とは交わろうとしない。こんな状態が一週間から二週間続く。「群れでのシルビアのランクは上位で、もともと近よりがたい存在だったこともあって、仲間の雌が寄っていかないのは珍しくはありませんでしたが、それでも、シルビアがほかのヒヒにまったく興味を示そうとしなかったことには驚きました」。

じつを言うとエングがGC調査を思いついたのは、シルビアのこの行動がきっかけだった。娘と親密な関係にあったシルビア、だがその親密な関係が死によって奪われ、シルビアは悲しみに沈んだ。ほかのヒヒのように、シルビアのこうした行動もまた数週間のことであり、その後、ほかの雌たちと仲よくなり、群れのなかで仲間との関係を広げていった。

絆を引き裂かれたネズミ

悲しみの気配が明らかにうかがえるのは、哺乳類の場合、雌と雄でつがいになる動物であり、マカク属のサルやゲラダヒヒ、オカバンゴのヒヒはつがいにはならない。つがいは鳥類によく見られるが、哺乳類となるとわずか五パーセント。そんな例外的な哺乳類にプレーリーハタネズミという齧歯類がいる。サルの悲しみを考えるとき、生物学的および感情の両方からプレーリーハタネズミのつがいを調べた研究は、いろいろなことをわたしたちに教えてくれる。

オリバー・ボッシュと研究チームは、二〇〇八年に発表された論文のなかで、プレーリーハタネズミの雄をパートナーの雌から短期間引き離した場合、雄にどのような影響が現れるかという実験を行った。実験では、雄はペアを組むものと組まないものに分けられた。さらにペアを組む側は、はじめて会う雌か、あるいは乳離れ後、四十九日から七十九日間離れていた雄の兄弟のいずれかとペアを組まされた。五日後、ペアを組んだ雄のうち、その半数は相手から引き離された。

次に雄ネズミはすべてストレス検査を受ける。検査はいくつかあり、強制水泳検査は水を満たしたビーカーにネズミを五分間入れておく。また、棒からつりさげる検査では、尻尾を粘着テープで固定され、五分間そのままの状態に置かれる。高架式迷路試験は、ネズミが本能的に抱えている空間にさらされる恐怖を調べる検査で、やはり五分間かけて実験が行われた。

ネズミのうちペアの雌から引き離された雄は、強制水泳検査、つりさげ検査のいずれにおいても「受動的ストレス反応」をはっきりと示した。この反応はより高いレベルの気分の落ち込みに関連する。引き離された雄の場合、水泳検査では、ただじっと水に浮かぶだけで、あがいたり、泳ごうとしたりはしない。つりさげ検査でも、ただおとなしくぶらさがっているだけなのだ。一方、兄弟とペアを組んだ雄、そもそもペアを組んでいない雄は、こうした雄ネズミたちとは対照的だった。実験の影響は明らかだった。この明らかな違いが実験では意味がある。雄ネズミの落ち込みについて、ペアの存在がきわめて大きな意味をもつことを示していた。

さらにボッシュたちは、このストレス反応は、副腎皮質刺激ホルモンのコルチコトロピン放出因子（CRF）系によるものであるのを発見した。不安と落ち込みを制御するCRFのレベルが、ペアの雌から引き離された雄の体内で高まっていたのだ。こうした雄ネズミにとって、CRFの改善効果は朗報かもしれないが、その効果は、いろいろな点においてネズミの不安や落ち込みに適応できるものだったのだろうか。

ボッシュの共同研究者、ラリー・ヤングはわたしの質問に対して、次のように説明してくれた。CRFの受容体を実験的に阻んだ場合、雄ネズミは抑うつ反応を示さなかった。だから、この仕組み全体は雄ネズミにとっても適応性があるし、「パートナーから引き離されて生じたマイナス状態によって、雄はどうしても雌のもとに戻ろうとするので、つがいの絆をさらに長続きさせていける」と信じているという。

実験についての一連の資料を読んでいる最中、わたしはある種の反発を覚えた。五分間にわたってネズミを泳がせつづけ、尻尾から宙づりにしている。それが永遠に続くものではないにしろ、研究報告を読みはじめてから、こんなストレス実験を動物に行うことを許した動物愛護委員会に、自分もメンバーのひとりとしてぜひとも参加してみたいものだと考えた。さらに読み進めていくと、かなりの数の雄ネズミが頭部を切り落とされている。CRF受容体に関する疑問を明らかにするためだ。実験は、委員会の倫理規定には触れてはいないが、動物の感情を調べるのが目的とはいえ、こうした侵襲的測定（これに対するのが糞分析といった行動観察）を動物に負わせる代償の重さについて考えていた。

ボッシュらは、プレーリーハタネズミを行動面と生化学の双方から研究することで、人間が覚える哀悼の感情もやがては説明できるだろうと信じている。その願いはかなえられるかもしれないが、パートナーに死なれた雄ネズミは、その死を悲しみ、あとに残された悲哀を嘆いているはずだ。しかし、こうした点に関して疑問が向けられることはなかった。

サルは仲間の死を悲しんでいるのか

話をサルに戻そう。われわれ人間に一番近い親戚であるチンパンジー、ボノボ、ゴリラ、オランウータンなどの大型類人猿は、雄と雌がペアとなって子育てはしない。さきほども少し触れたが、それは哺乳類として珍しいことではない。一方、いわゆる小型類人猿のテナガザル、フクロテナガザル、それにティティやヨザル、マーモセット、タマリンは雄と雌がペアとなって子育てを行う。

サルの一夫一婦制についても、感情面にかかわる研究はあまりされてこなかった。南米に生息するティティの絆は生涯にわたって続く。研究者によって実験室に連れていかれて、無理やりその仲を裂こうものなら、激しく興奮して動揺を隠そうともせず、副腎皮質から分泌されるホルモンの血漿コルチゾルのレベルも上昇していく。

サリー・メンドーサとウィリアム・メイソンの比較研究では、リスザルの雄と雌を対象に、やはりつがいの仲を裂く実験が行われたが、リスザルには、ティティにうかがえたような反応や生理的な変化はまったく現れなかった。これは、ティティとは異なり、リスザルが一夫一婦制ではないからだろう。言い換えるなら、ティティの夫婦の絆とは、単に生存や繁殖していくために必要だからというわけではなく、相手の存在がおたがいにきわめて重い意味をもつことを意味している。

ここでもハタネズミのときと同じ思いが頭をよぎる。血液化学や苦痛を基本とする実験ではなく、つがいのうち、生き残った側がどんな体験をしているかという方向で理解を深めてはいけないものだろうか。ビデオ記録がこの問いへの答えになるかもしれない。記録映像として理想的な基準を満たし、そのうえでサルが息をひきとるまでの前後の様子が撮影され、さらに生き残ったパートナーや、群れのほかのメンバーにも焦点が向けられている。これなら一夫一婦制か否かにかかわらず、あるいは野生状態か飼育下といった違いにかかわりなく、研究者も動物の行動をきめ細かく比較できるようになるだろう。

ただ、野生に生息する一夫一婦制のサルの場合、まれにしか起こらない現象を映像におさめるのは簡単なことではない。この種のサルはもっぱら樹上生活を営むので、木から木へと移る場合、子ザルの死骸を抱えてはおいそれと移動できるものではないし、群れの仲間が死骸のそばにいつづけるのも樹上ではきわめて難しいと、研究者のカレン・ベールルズが教えてくれた。飼育されているサルの場合、記録はそこまで大変ではない。パートナーに死なれたサルのなかには、飼育された状態でも、悲痛な反応を示す例があるとわたしは考えている。もちろん、これについても仮説検証が欠かせないのは言うまでもない。

マイアミにある動物保護団体、デュモン・コンサーバンシーには、ベッツィーとピーナッツという名前のヨザルの夫婦がいて、十八年間生活をともにしてきた。雄のピーナッツはペルーの野生に生まれ、実験動物としてアメリカの研究機関に送られてきた。だが数年後、重い病気を患って引退を許され、この施設で生きていくことになった。最初のうちは同じヨザルにも脅えていたが、その後、ベッツィーと出会う。霊長類学者のシャン・エバンズによると、ヨザルは夫婦仲のいい生きものだが、「ピーナッツとベッツィーの仲のよさは異例だった。二頭は子どもを何匹か産んだが、ピーナッツは誠実な父親で、どの子どもにもかいがいしく世話を焼いた」。

二〇一二年、ピーナッツは体を弱らせていた。ヨザルは夜行性で、ピーナッツも夜になるとベッツィーといっしょにエサの昆虫を探しに出かけるが、弱っているのはその動きからもわかる。そして、ピーナッツはついに倒れてしまう。治療を試みるがそのかいもなく、施設のスタッフはピーナッツを囲いに戻すことに決めた。ここなら残された時間をベッツィーとともにすごせるだろう。ベッツィーはいつもと変わらない献身的なパートナーだった。夫の体を抱きしめ、満足そうに鼻をすりよせていた。ピーナッツが息をひきとるまで、ベッツィーはそのままじっとしていた。

ピーナッツが死ぬと、直後からベッツィーの様子が変わる。担当のエバンズの姿を求め、友好的な調子で積極的にかかわるようになってきたのだ。こんなことははじめてだった。それまでのベッツィーは、夫のピーナッツをめぐり、エバンズを自分のライバルと考えていたらしい。雌のヨザルが人間の女性と張り合っている、エバンズから以前そう教えてもらったことがある。

しかし、ピーナッツが死んでベッツィーの行動に変化が生じる。エバンズもピーナッツの死がショックだったので、この関係に安らぎを感じた。だが、当のベッツィーがどう感じているのかは自分にはわからないし、ベッツィーの反応を「悲嘆」と呼ぶことには居心地の悪さを感じると言う。そのかわり「喪失反応」だとエバンズは答えた。夫を亡くした結果起きた、いわば種を超えた変化のようなものなのだろう。

では、ここであらためて問い直そう。サルは仲間の死に心を痛めているのだろうか。この問いに対するわたしの答えは「めったにない」。少なくとも、人間の目に悲しんでいると映るような姿では、サルは悲しみを表すことはほとんどない。死んだわが子の死骸を何週間も運び続ける母ザル、十八年間もパートナーとの絆を結んだヨザルのベッツィー、人間になぞらえてしまえば、悲しんでいるのにちがいないと思える現象もこの結論には含まれている。

けれど、悲しんでいるサルが存在するのは、アン・エングが報告するヒヒのシルビアの例が教えてくれるとおりだ。そして、サルもまた悲しんでいると、さらに確たる結論を出せる日はわたしたちのすぐそばで待っている。仲間の死に対して、サルがどんな反応を示すか、その様子が鮮明に記録され、記録によって統計的な側面、生理学的な側面の双方から補完されるようになったとき、サルもまた悲しんでいるのだと、もっとはっきり断言できる日が遠からずやってくるはずだ。

第7章 チンパンジーのやさしさと残酷さ

一九六一年、世界初の〝宇宙チンパンジー〟ハムは地球のはるか上空に打ち上げられた。ハムは西アフリカのカメルーンで捕獲され、アメリカに連れてこられた。「ハム」という名前は、ホロマン航空宇宙メディカルセンター（ＨＡＭＣ）の頭文字からとられた。アメリカの宇宙開発計画の発展のため、ハムは時速五〇〇〇マイル（約八〇〇〇キロ）の速度で、上空一五五マイル（約二五〇キロ）の高みへ飛び出していった。

マーキュリー宇宙船のカプセルのなかで、ハムはこの日のために訓練したミッションを遂行している。ライトが点灯すると、それに応じてレバーを引く。宇宙を旅しても、霊長類の思考能力は影響を受けないことがこの任務で明らかにされた。人類が地球の周回軌道に乗り出すのにさきがけ、ハムはこうやって露払いをしていたのだ。

半世紀以上も前の出来事で、こんなストレスを動物に与えていいのかという倫理的な関心はほとんど払われなかった時代だ。いまから思えばその無関心ぶりは鈍感を極めていた。ハムに先立って行われた実験の安全記録を知ればなおさらだろう。アルバート一世という名のサルは、一九四八年の打ち上げで飛行中に窒息、翌年、アルバート二世が帰還中に受けた衝撃がもとで死亡。同じ年、上空三万五〇〇〇フィート（約一〇キロ）でロケットが爆発、アルバート三世も死亡。その後に行われた実験で、今度はアルバート四世が体に受けた衝撃が原因で死んでいる。

考えることなしにただ繰り返されるアルバートという命名に、いささか背筋が寒くなるものを感じる。サルをつぎつぎに死なせながら、その個々の命が危険にさらされ、そして失われていく現実に考えがおよばない感覚。じつを言うと、ハムという名前は地球に帰り着いてから授けられた。マーキュリー計画でハムの面倒を見たスタッフが、その身を案じたあまり、名づけるのを恐れたからである。

四回続いた〝アルバート〟の事故死がやみ、サルの生存記録は改善した。それ以前の、最後に起きた事故は一九五八年の後半のことで、カプセルは大西洋に着水したものの、その位置が確認できなかった。

ＢＢＣ（英国放送協会）も一九六一年一月三十一日にハムの打ち上げ成功を報じている。マーキュリー計画の空前の成功を伝えながら、そこにも実験動物をめぐるのんきぶりがうかがえる。

勢いあまって落ちてきて、なんとかフロリダ沖合に着水したものの、カプセルは予定位置を通り越していた。発見までの三時間、ハムは忍耐強く待ち続けた。救出のヘリコプターがようやく到着したとき、カプセルは横倒しになって沈みかけていた。着水の衝撃は激しく、断熱板には穴が二か所あいていた。だが、ハムには動揺らしい動揺はうかがえない。カプセルの扉が開けられて、ほうびのリンゴと半切れのオレンジを手にしていた。

一九六一年、ジェーン・グドールはタンザニアでチンパンジーの観察を始めていた。けれど、チンパンジーが家族と深い絆で結ばれた生きものであるとか、頭もよく、道具を製作してじょうずに使えること、愛や悲しみに対する感受性をもつ事実は、世界にまだほとんど知られていなかった。とはいえ、いまから考えても不思議に思えてならない事実がひとつある。

ハムは本当に動揺などしていなかったのか。カプセルにこもる高温。自分をなだめ、落ち着かせてくれる相手もいないまま、三時間も海を漂い、次にどうなるのかまったく見当もつかない。じつは、ハムは恐怖に脅えていたのではないのか。ハムがただひとりカプセルにいる姿を想像するのはつらい。心底から震えるような目にあわされているのに、同情を寄せてくれる相手、そばにいてなだめてくれる相手はだれひとりいなかった。

秘められたふたつの顔

それからだいぶ歳月がすぎ、ワシントンDCにある国立動物園で、ハムはメラニー・ボンドに向かってある行動を示していた。メラニーは生物学を専攻した類人猿担当の飼育員、そしてハムが示した反応とは、それはなんというか、メラニーになぐさめと安らぎを覚えさせるようなものだった。

宇宙開発計画を引退したハムはここで余生をすごし、十七年間、首都にあるこの動物園で飼われている唯一のチンパンジーだった（幸いにも、晩年にはノースカロライナ動物園でほかのチンパンジーと暮らすようになり、満ち足りた生活を送ったらしい）。メラニーはその後二十年以上にわたり、国立動物園とフロリダにある大型類人猿のサンクチュアリの仕事に膨大な時間を捧げるが、とりわけオランウータンに深い愛情を感じていた。だが、ハムとの事件が起きたのは、国立動物園で働きはじめてまだ日も浅いころだった。

メラニーが類人猿にはじめて深い愛情を寄せたのは、アーチィーという名前のオランウータンだった。ある日、いつものようにアーチィーの健康診断があって手伝っていた。すでに薬が投与され、ケージにいるアーチィーは眠っていた。しかし、検査の最中、アーチィーの呼吸がとまる。獣医のミッシェル・ブッシュはなんとしても生き返らせようと献身的な努力を重ねた。四十五分間にわたって胸を押しつづけ、胸骨にひびが入るほどの勢いで心肺蘇生（CPR）を続けたが、最後には、アーチィーのまわりに集まった全員がその死を受け入れるよりほかなかった。

メラニーはケージが並ぶ通路を歩いていた。ケージのなかのサルからは自分の姿が丸見えだ。死んだアーチィーのことを思って泣いていた。静かに泣いていたことはいまでも覚えているが、あとはまったく記憶にない。ただ、涙が出てくるだけでとめようにもとまらない。

そのときだった。ハムが自分をじっと見つめていることに気がついた。そして、「ねえ、ハム。本当につらいわ」と知らずのうちに声をかけていた。ケージのすき間から、太い指がゆっくりとあがってくる。指はメラニーの頬を流れるひと粒の涙にそっと触れた。その指をハムは鼻に寄せ、それから口に含んだ。「慰めてくれているのだと感じたわ。自分の気持ちをわかってもらえる、そんな思いがしたの」。メラニーはいまでもそう記憶している。

懐疑派はこの話になんと応えるだろう。メラニーという人は、慰めてもらいたいという自分の願いをチンパンジーの動きに重ねていたのではないのか。そう、ハムは頭がいいし、メラニーが泣いていれば好奇心も寄せてくる。その点は懐疑派も認めるところだろう。そして、この好奇心がハムの行動を促したのであって、メラニーの心理状態と感情的に共鳴したのでもなければ、なんとかして相手を慰めたいと願ったからでもない。ハムについて、共鳴とか欲求だとか吹き込むのは、人間と類人猿には感情的に共通する部分があると、どうしてもそう思いこみたいからにほかならない。

こうした考えを支える根拠として、野生のチンパンジーを撮影した映像には、ハムが見せたようなやさしさを示すような場面はほとんどうかがえない点があげられる。いかにも野生のチンパンジーだという写真は、ジェーン・グドールが研究の場とするタンザニアのゴンベで撮られた。細長い棒状の道具をつくり、それをシロアリの塚にさしこんで、タンパク質のおやつにありつこうとしている写真だ。だが、突然の爆発する攻撃性、ひどく興奮してイライラしているチンパンジーの姿をとらえたビデオ映像も少なくはない。

イェール大学の人類学者、デビッド・ワッツが撮影し、解説を加えた映像もそのひとつだが、こうした記録もチンパンジーの残忍性を物語るものになりがちだ。ワッツは、ウガンダのキバレ国立公園ンゴゴに生息するチンパンジーの群れでこのビデオを撮影した。問題のシーンはグラッペリという名前の雄が、雄のチンパンジーの群れに取り囲まれている場面であり、グラッペリを足蹴りにしたり、噛みついたりするなどの攻撃が始まる。うずくまる相手に集団は容赦がない。とびかかって深い傷を負わせ、このとき受けた傷がもとでグラッペリは三日後に死んだ。

母のあとを追って死んだチンパンジー

雄の集団によるこのような行動は、わたしたちには衝撃的だ。この生きものは凶暴な動物だというレッテルを、チンパンジーという種全体に貼りつけたくなる気持ちにかられる。なにしろ同様な光景はほかの群れでも観察されており、その行動は、たとえばオナガザル科のコロブスを捕食するときに見られる捕食行動とは目に見えて異なるのだ。

ケニア滞在中、わたしは終日茂みからヒヒを観察していた。家に帰ってくると、開け放した寝室の網戸越しにライオンが咆哮する声がよく聞こえていた。サバンナのあたりで、シマウマやレイヨウやヌーがライオンの餌食になっているのだと考えてわたしはすくんだ。ライオンはわたしの大切なヒヒも食べてしまう。

だが、忍び寄ってくる茶褐色の姿を認めると、ヒヒは警戒の声をあげ、クモの子を散らしたように樹上に逃げるので、助かる見込みがまったくないというわけではない。サルという サルが必ず逃げおおせるというわけではないが、サルの場合、木のうえに逃げるという手がある。しかし、草食獣はそうはいかない。走ることはできても、隠れることは絶対にできない。草食動物には、逃れる木も穴もなければ、水中で息をひそめていることもできない。

シマウマを引きずり倒すライオン、ウサギをひと噛みにするキツネ、それでも狩猟をする動物が凶暴だという汚名を着せられることはない。しかし、ワッツが撮影したンゴゴのチンパンジーはどうだろう。思い思いに声を張り上げ、進んで恐ろしい目的を果たそうとしている様子だ。しかも、グラッペリは同じ種というだけでなく、攻撃側の雄たちと同じ群れのチンパンジーなのだ。

ワッツは、一頭のチンパンジーが示した同情的な様子について触れており、その雄は攻撃する側に加わることを拒み、できるかぎりグラッペリの近くにいて、その場所にふみとどまっていた。だが、圧倒的多数のチンパンジーはそんな気づかいとは無縁で、ハムが国立動物園でメラニーに示したようなやさしさなど、ひとかけらもうかがえなかった。

ハムの場合、生まれ故郷のカメルーンから連れ去られてから、チンパンジーらしさがどんどん薄れていってしまっただけなのか。それとも、人間の都合を押しつけられる立場に長く置かれ——宇宙開発計画の実験動物として、そのあとは動物園で人間を楽しませる見世物として——野生の動物らしさをほとんど失っていたのだろうか。

ハムのやさしさなど、ここで説明した攻撃的な光景でもろくも消し飛んでしまう。しかし、野生のチンパンジーには別の一面があり、それはハムが見せた様子にきわめて近い。飼育、野生のいずれにおいても、チンパンジーの悲しみがどう現れるかについては、チンパンジーにとってどんな状態が〝自然〟なのかという理解に応じ、実態はずいぶん変わってくる。

この研究分野では、一九七二年に記録されたフリントという年若いチンパンジーの例がもっとも有名なのは異論のないところだろう。母親のフローが死亡した直後から、フリントは生きていく意志をなくした。タンザニアのゴンベの森で、フリントは幼少期をとっくにすぎていたにもかかわらず、母親の愛情を一身に受け、楽しい日々をすごしていた。フローが産んだ最後の子、つまり妹のフレームが死んで、老いた母親の関心がすべて自分に向けられるようになったのだ。

グドールが『森の隣人』という本で書くように、フローは高齢のため乳こそ飲ませることはできなかったが、「フリントはもう一度フローの赤ん坊に帰っていた。フローは自分の食べ物を分け与え、背に乗るのを許したばかりか、時には腹にしがみつかせていた。息子の毛づくろいに余念がなく、子どものころのように夜はいっしょに寝た。フリントが六歳をすぎてもこんな行動が続いた。それ以降も母子の普通ではない関係に変わりはなかった。フローが死んだときフリントは八歳、自分がどうしていいのか準備ができていなかった」とある。

この本のあとに出た『心の窓』では、フリントの喪失感の深さがうかがえる。「生きているフリントを最後に見たとき、その目はうつろで、体はげっそりとやせおとろえ、すっかり気落ちしている様子だった。母親が息をひきとったそばの茂みでフリントはうずくまっていた。（略）一歩進んでは休みまた一歩と、フリントが最後にとげたささやかな旅の行きついた先は、母親のフローの死体が横たわるまさにその場所にほかならなかった」。

母親の死からわずか三週間後にフリントも死んだ。原因は、深い絶望とそれによって引き起こされた免疫システムの低下だとグドールは断言する。

母親は子どもの死を理解していないのか

これと反対のケースもある。母親が愛するわが子に先に死なれるという、自然のパターンに反した場合だ。母親も喪失感を抱いているのかもしれず、しかも痛切に感じているのかもしれない。第6章のサルの母親がそうだったように、チンパンジーの母親もまた死んだ赤ん坊の体を抱き続けることがある。そして、サルの母親がそうであったように、チンパンジーの母親もまた死骸が傷むまで抱き続ける行為をとめられないケースが珍しくないのだ。

チンパンジーの母と子の感情的な結びつきはとくに強いのかもしれない。生まれた子どもは四年からあるいはそれ以上の期間にわたって乳を飲み、母親の背中に乗り続ける。子どもが死んでもその体がまだ母親の背に乗せられているのは、母親が離ればなれになることを拒んでいるからだ。

西アフリカのギニアのボッソウで二〇〇三年、呼吸器系の感染症がチンパンジーの群れを襲った。三歳未満で死亡したチンパンジーのうち、ジマトとベネもそのなかにいた。二頭の母親、ジレとブアブアも子どもの死骸を手放すことができないまま、ジレは六十八日、ブアブアは十九日にわたって死骸を運び続けた。ジレが六十八日間も死骸を抱き続けたことにわたしは驚く。小さな体とはいえ、ジレに課されたひと夏の負担を考えてみてほしい。それは、七月四日の独立記念日から、九月の第一月曜日のレイバー・デーにほぼ相当する期間だ。

ブアブアが抱いていた十九日という期間は、ジレの六十八日と重なっている。二頭が森ですれちがったとき、たがいにその目をのぞきあい、同じ喪失感を抱いていると母親たちは認めあっていたのだろうか。残された体をぎゅっと抱きしめるとき、子どもが生きていたころ、自分の乳を飲んでいたことを二頭は思い返していたのだろうか。しかし、そんな感傷的な思いを押しのけるように、過酷な現実がつきつけられる。

霊長類学者、ドラ・ビローらの研究から察すると、母親たちは、無惨な光景とすさまじいにおいから逃れられないはずだ。第6章でも触れたように、子ザルと同じようにチンパンジーの子どもの遺体もミイラ化していく。毛はぬけおち、四肢や体の一部が革のようにがさがさになる。あまりにも長い期間にわたって抱き続けた結果、ジレが死骸をようやく手離したころには、ジマトの頭蓋骨はぼろぼろに砕け、目鼻はほとんど見分けがつかないほど傷んでいた。

母親は子どもにたかるハエを追い払い、毛づくろいさえしている。幼いチンパンジーや年若いチンパンジーに死骸を抱かせてやることもあり、借り受けたチンパンジーはうれしそうに抱きかかえている。こうした行為は、自分の子が死んでいる事実を母親が見分けられないのが原因で、ここまで執拗に抱き続けているということなのだろうか。

だが、どうやらそれは疑わしい。ひとつには、死骸を抱く母親の持ち方が元気な子どもを抱くときとはまったく違っている点。もう一点は、チンパンジーという動物は、道具を使うことでとれないエサもとれるようにしたり、群れの問題は仲間との関係を巧みに操作したりすることで解決をはかるなど、複雑な推理や戦略的な思考を着実に行うことができるからである。チンパンジーの母親が死を理解しているのを明らかにできないという事実は、わたしにとって、チンパンジーの母親は子どもの生死――呼吸をしていない、動かない、腐敗している――を判断できるかどうか、それらを明らかにできないと考えることに等しい。

ジレもブブアブアもいうまでもなく雌で、ンゴゴの森でグラッペリをみまった残酷な行為は雄のチンパンジーの指揮のもとで繰り広げられた。フリントのような若いチンパンジーに見られた反応はともかく、野生に生きる雄のチンパンジーは、仲間の死に思いやりを寄せるような性質、つまりハムのような、やさしさを感じさせる性質を持ち合わせてはいないのだろうか。

ティナの死と残された仲間たち

ジェームズ・R・アンダーソンは、霊長類の死について述べた論文のなかで、一九八九年に西アフリカのコートジボワール共和国で起きたケースについて触れている。

タイの森で若い雌のチンパンジーがヒョウに襲われて死んだときのことだ。突然、雄のチンパンジーたちが大きな呼び声を張り上げ、威嚇的な態度を示すと、死体を少し離れた場所へと引きずっていった。（略）繰り返しその体に触れ、毛づくろいをしたり、そっと揺すったりしている。興味深いことに、子どものチンパンジーは死体から遠ざけられていた。

アンダーソンの要約は基本的にまちがいではないが、その日、タイの森で起きた事件について、微妙な雰囲気が抜け落ちている。肝心なのは、この抜け落ちた雰囲気だ。第6章でわたしが紹介した論文もこの気配が抜け落ちていた。

前章でわたしは、娘に先立たれた雌のヒヒのホルモンが急激に変化したというエングらの論文に書かれていた話を紹介した。論文は統計的な結果に専念しているので、ヒヒにうかがえた気配については触れられていない。だがこの研究は、娘の命を捕食動物に奪われた母親の姿をエングが目撃し、そこにうかがえた深い悲しみの兆候をきっかけに始まったものである。研究者同士の論評の対象になるため、科学論文では、エングやアンダーソンの場合も含め、データが重視され、客観的描写による無機質な要約が好まれている。しかし、動物の悲しみがどんなかたちで現れるかは、ディテールにこそ宿っているものなのだ。

クリストフ・ボッシュとヘドヴィーグ・ボッシュ－アッカーマンの『タイの森のチンパンジーたち』（*The Chimpanzees of Taï Forest*）では、まさにそのディテールを読むことができる。この本には、アンダーソンが要約した出来事があますところなく描かれ、雄のチンパンジーたちも仲間の死に際して、思いやりと同情を示しているのではないかとはっきりと述べられている。

タイの森でティナという雌のチンパンジーの死体が、調査チームのアシスタント、グレゴアール・ノーホンによって発見された。胃の周辺が破れて内臓がはみ出ている。あとで調べてみると、首の第二頸椎をヒョウに噛まれたのが死因だと明らかになった。ティナの母親は四か月前に死んでいた。以来、十歳になるティナとその弟で五歳になるターザンは、群れのリーダーである雄のブルータスとずっと行動をともにしてきた。

ウガンダに生息する野生のチンパンジー。群れのボス、ニックと雌のカレマ、そしてカレマの五歳になる息子（photo by LIRAN SAMUNI）

ターザンの行動を観察したボッシュらは、ターザンはブルータスに養子として受け入れてもらうことを望んでいると考えた。ときどき、ターザンとブルータスが同じ場所で眠ることもあった。だが、ティナの死体が見つかった直後から、ティナ、ターザン、ブルータスの三頭がどれほど深い絆で結びついていたかふたりは知ることになる。

ティナの死体のまわりを雄六頭、雌六頭の計十二頭のチンパンジーが取り囲み、静かに座りこんでいる様子にボッシュらは気づいた。それから数時間、気を高ぶらせた雄の何頭かがティナの体を囲み、これ見よがしに体を動かしていた。ティナの体に触れているチンパンジーもいる。八十分間のうち、ユリシーズ、マッチョ、ブルータスの三頭が一時間ほど死骸の毛づくろいをしていたが、生前のティナをユリシーズとマッチョが毛づくろいするのは一度も観察されていない。生前、群れのほかの雄がティナを毛づくろいしても時間はごく限られていた。

そのあと、仲間たちはこれまで見せたこともない、予想もしなかった行動を始めた。何頭かのチンパンジーが、ティナはどうしてじっとしたままなのか、その謎を解こうとでもするように、死体をそっと揺すりだしたのである。

ほかのチンパンジーはまわりで静かに遊んでいた。こんなときに死んだ仲間の周囲で遊ぶのは奇妙な行動に思えるかもしれない。だが、人間であっても、何時間も続く通夜や葬儀の最中、笑ったり、冗談を口にしたりして楽しそうにしている人は少なくない。軽口を言いたくなる衝動は、いまは故人となった相手と楽しく語らってすごした時間を思い返すための人間の本能なのかもしれないし、あるいは、精神的に厳しい場面に遭遇し、高まる緊張感を軽口で解放させようとしているのかもしれない。

ボッシュたちも、ティナの無惨な死で高まった緊張をやりすごすには、たぶんそれは必要なことであり、だから死体の近くで遊んだり、笑ったりすることが許されているのだと考えている。

死体の発見から約二時間半が経過したころ、ターザンが姉の死体のかたわらに寄ってきた。この時点で、ほかの若いチンパンジーはブルータスによって追いやられていた。ブルータスはある種の門番のようにふるまっていた。「ターザンは死体のいたるところのにおいをそっとかいだ。そして、姉の生殖器を調べていた。こんな行為が許された若いチンパンジーはターザンだけだった」と書かれている。姉の毛づくろいを済ませると、死体の腕を持ち上げていた。その最中、ブルータスは、セレスとシンドラという母娘のチンパンジーをこの場から追い返している。

仲間の心をとらえるリーダー

ほかの若いチンパンジーや大人のチンパンジーと比べ、ターザンがこうして姉とすごす時間は、なりゆきにまかせたものではなく、ブルータスによって周到に手配されていた。ブルータスというチンパンジーは他に抜きんでて頭がいい。タイの群れで重要な役割を担い、とりわけハンターとしてすぐれていた。

この森で雄のチンパンジーは協力してサルを狩っている。深い森のなかで狩りを成功させるには、そのために必要な動き方があり、それを確実にこなせるようになるには何年という歳月がかかる。チンパンジーというチンパンジーがめいめいで獲物に向かい、それぞれで戦果を求めるのではなく、目的にふさわしい考えぬかれた手段を講じ、大勢がたがいに協力しあい、戦略的に動いていかなければならないからだ。この森にすむチンパンジーは狩りの技術を習得するのに二十年かかったが、もっと複雑な技術を覚えるにはさらに十年の歳月が必要となる。

ブルータスは花形ハンターだった。ボッシュらが著書のなかでとくに強調しているこの観察期間を通じ、群れにいつも食料の肉をもたらす一番のハンターがブルータスだった。認知能力の点ではどのチンパンジーもおよばず、とりわけ〝両面予想ハンティング〟とでも呼ぶ方法に秀でていた。獲物であるサルのすばやい動きを頭のなかで読めただけではなく、仲間の動きも同時に予測していた。

仲間の動きを読めるということは、仲間の心理状態をブルータスがわきまえている証拠にほかならない。科学用語で言うなら、ブルータスは「心の理論」がわかっているのだ。ほかの知的な生きものが、自分とは異なるしかたで考えたり、感じたりしているという意識、ブルータスの行動はある程度そうした意識に基づいていた。

ティナが死んだ日、ブルータスのこうした能力が全開していたとわたしは考えている。群れの若いチンパンジーのなかでも、ターザンただ一頭が姉の死体とじっくりと向き合い、そしてその死を悲しむ時間が必要であるのをブルータスは理解していた。

フリントがひとりぼっちで母親の死を悲しんでいたのとは違い、ターザンは群れの一頭として悲しんでいた。群れ一番のリーダーが、亡くなったティナとターザンとの関係を理解していたからである。ティナの死に際し、タイの森のチンパンジーたちが示した行動について、わたしはある種の〝通夜〟のようなものだとあえて言いたい。それほど多くのチンパンジーが、ティナの体を取り囲んでいた。

遺体の周囲に仲間がいた時間は総計で六時間十五分だった。ブルータスは四時間五十分、遺体のそばにとどまっていた。そして、最後には残らずこの場所から立ち去っていった。

二日後、ヒョウがやってきて死骸の一部を食べている。こんなふうにして、ほかの動物の体の一部にとりこまれてティナは自然界へと消えていった。あるいは、こうやってティナは自然界の一部としてとどまったとも言えるだろう。わたしたちには、ターザンやブルータス、群れの仲間のチンパンジーがその後、何週間、何か月にわたってティナのことを思い、その存在を覚えているかが気にかかる。

チンパンジー、そして人間の善意と暴力

リークション・ブックス社から「アニマル・シリーズ」の一冊として出ている『類人猿』（*Ape*）のなかで、著者のジョン・ソーレンソンは、人間が抱える奇妙な心の屈折について触れている。

この屈折が、人類に一番近い親戚である生きものに向けられた、わたしたち人間の反応を生み出している。「人は、人間とほかの類人猿の近接ぶりを否定するため、必死の努力を重ねるものだが、その一方で、似た者同士ぶりにも心がひかれるのか、人間は種をへだてている境界をなんとか越えられないかと夢中だ」と書かれている。動

物園や映画で、人はチンパンジー、ボノボ、ゴリラ、そしてオランウータンに目をこらしながらも、逆に人間に似て非なるものたちがこちらを見返している視線にもさらされている。

映画やテレビ番組、コマーシャルなどで、ドレスを着こんだチンパンジーがティーカップでお茶を飲んだり、あるいはスーツ姿で今風のオフィスで働いていたりする場面を目にすると、わたしたちはどうしてもクスクス笑いだしてしまう。こうしたシーンでは、どこかで物語の展開がおかしくなっていき、やがて日常を支えるルールが破綻するのが話のオチになっている。

「人間が見ているのは大混乱だ。情況や自分をきちんとコントロールすることができなければどうなるか。その様子を人間は、安全が約束された立場から眺めている」とソーレンソンは書いている。そこが笑いのポイントだ。置かれた情況や自分自身さえ、人はつねにコントロールできるとはかぎらない。

もっとも、ある意味では時代も変わりつつある。エンターテインメント業界に対して、さらに多くの人たちが、動物をあまりにも理不尽に扱いすぎだと抗議の声をあげるようになった。スクリーンに登場する自制心をなくしたチンパンジーの姿を笑う人も減ってきた。しかし、こうした望ましい変化が起きても、チンパンジーが演じるドタバタコントは続いている。根強い人気を支えている根拠を変えることがどうしてもできないのだろう。

この手のギャグがなぜそれほどおもしろいのか。その理由となるかもしれないのが、ソーレンソンが示唆する、自分は混沌の縁にいるのだという人間の意識であり、みずからの激しい衝動に支配されるかもしれないという人間の恐れだ。霊長類学者のフランス・ドゥ・ヴァールは、われわれ人間という種は、双頭神ヤヌスのように矛盾するふたつの傾向、つまり憐憫と残忍性をそれぞれ等しく宿しているのだと語る。さらにドゥ・ヴァールは、人間の性質は人類の祖先がもつふたつの側面に引き裂かれていると言う。人間はチンパンジーとボノボと同じ先祖を戴いているが、暴力的で興奮しがちな点はチンパンジーの祖先から、そして穏やかな側面は、「仲裁者」と呼ばれるボノボの祖先から受け継ぐ。

この考えを応用して、個々のチンパンジーの違いについて考えてみることもできるだろう。とらわれの身にあるハムが、悲しんでいるメラニー・ボンドに示した憐憫のように、人間もまた善意でひかり輝くことがある。そして、ワッツが撮影した野生のチンパンジーのように、人間もまた暴力とともにはじけ、人に苦痛と悲しみをもたらす。時にそれはジェノサイドのような大虐殺にまで拡大することさえある。

しかし、人間がこれほど闘争的なのは、そんな闘争パターンが代々受けつがれ、本質として人間に根づいているからだとはわたしには思えない。人類学者として世界中の人を対象に研究を重ね、しかも過去にさかのぼって調べてみても、人間には本質と呼べるようなものなどなにひとつとして存在していないと断言できる。取り巻く情況の変化に対して、遺伝子による影響が結びつき、その結びつきに応じて、行動や思考や感情のぎこちなさが薄れていくのが進化という財産なのだ。

人間は、生涯にわたる経験の網の目にどのように応じるかで、自分の本質というものを築き上げていく。それと同様、人間ほど手はこんでいないものの、類人猿もまた一頭一頭によってその行動や経験に対する反応が異なるという事実は、チンパンジーの本質（同じようにボノボの本質、ゴリラ、オランウータンの本質も）というものもまた存在しないことをわたしたちに教えてくれる。

チンパンジーのなかには群れの仲間を無惨に殺すものがいるが、一方で群れの仲間の死を嘆き、その死を悲しむ仲間に対してさえ同情を示すものがいる。凶暴な一団に加わるチンパンジーが、一方で仲間の死を悲しんでいると聞いてもわたしはとくに驚きなどしない。凶暴になったチンパンジーの姿が本物であるように、仲間の死を悲しむその姿もまたいつわりのないチンパンジーの姿なのだ。

第8章 愛と神秘を語る鳥たち――コウノトリ、カラス

毎年三月、クロアチアの小さな村をめざし、南アフリカから一羽のコウノトリが飛んでくる。その移動距離は八〇〇〇マイル（約一万三〇〇〇キロ）。コウノトリの名前はロダンといった。ロダンがこの村にやってくる日は驚くほどくるいがなく、例年、同月同日のほぼ同じ時刻に舞い降りた。二〇一〇年、五回目の旅となるこの年は、いつもよりも二時間早く姿を現し、帰りを待ちわびて集まっていた村の人を驚かせた。

ロダンがはるばる飛んできたのは村人に会うためではない。つがいの雌のコウノトリ、マレーナを訪れるのが目的だ。マレーナは数年前に猟銃で撃たれ、その傷がもとでロダンといっしょに渡りの旅をすることができなくなった。村人のなかに親切な人がいて、マレーナの面倒を見てくれ、毎年繰り返される二羽の再会の喜びぶりを世間に知らせた。二羽は仲がよく、三十二羽の子宝にも恵まれたが、子どもたちに飛び方を教えたのはもちろんロダンで、南半球から渡りの誘いが高まると、子どもたちは父親といっしょに南アフリカへと飛び立っていった。

ビデオには、屋根のうえのコウノトリの夫婦がたがいに毛づくろいしあい、交尾をしている様子が映されている。くる年もくる年も続く夫と子どもの旅立ち。あとに残されてマレーナはどんな思いでいたのだろう。空高く舞い上がり、地球を横切っていたむかしを思い出し、飛べなくなったわが身を悲しんでいるのだろうか。

そして、ロダンがこれほど変わらぬ忠誠を捧げ、ほかのどのコウノトリにも増してマレーナを好んでいるのはなぜなのか。ノーベル賞を受賞した動物行動学者、コンラート・ローレンツが有名にしたハイイロガンのヒナの愛着行動だが、その成鳥版のようなぐあいに、ロダンにはマレーナの存在が刷り込まれているのだろうか。それとも、鳥にうかがえる愛情表現のひとつのケースなのか。つがいの相手が死んだとき、生き残ったほうは悲しみを免れられない、そんな典型的な一例だ。

鳥に見られる絆はなかなかおもしろいもので、時には奇妙な事態を招いてしまう場合がある。ドイツのミュンスターの湖にすむコクチョウのペトラは、仲間のコクチョウではなく、湖に置かれたハクチョウ形の白いペダルボートに恋をした。ペトラにとってはこのボートがすべて。このボートがなくては精神状態も安定しないので、ペトラが動物園に送られたときには、ボートもいっしょに運ばれていった。

この話を紹介する『巣をつくる季節』（*The Nesting Season*）のなかで、著者のベルンド・ハインリッチは、鳥類の愛着行動にかかわる本能にはさまざまな例があることを明らかにしている。ハインリッチによれば、ロダンやマレーナのようなコウノトリは、おたがいに対してではなく、営巣した場所と強く結びついている。だから、コウノトリの生態に基づくのなら、次のようなことも起こりうる。ある年、クロアチアに戻ってきたロダン、だが、屋根のうえの巣にいたのは自分が知らない雌のコウノトリだった。それでもロダンはこの雌の羽をきれいに毛づくろいしてから交尾におよぶ。そして、その翌年もロダンは律儀にこの巣に帰ってくる。

一羽の雌でこうだから、ほかの雌に対してはどうなのだろう。〝愛妻家〟とロダンを書いた新聞記者がいたが、それは持ち上げすぎというものかもしれない。ただ、たいていの人はこうした愛情劇にどうしても弱く、それはコウノトリだけにかぎった話ではない。みんなもよく知るドキュメンタリー映画『皇帝ペンギン』が公開されたとき、大勢の人たちがこぞって映画館へと足を運び、ふわふわで温かそうなこの鳥が、夫婦で子育てに奮闘するシーンに目頭を熱くしていた。

鳥の律儀さ、鳥にうかがえる愛情の細やかさにどうしてこうも多くの人がひかれてしまうのか。しかも、その愛情が単なる本能ではなく、心からの愛情表現であってほしいと願っている。夫婦の絆に向けられた鳥に対する人間の好奇心の強さは、われわれ人間という種が抱えている一夫一婦婚に伴うやっかいな結びつきになにやら関係しているのではないのだろうか。

鳥の夫婦はほんとうに貞節か

わたしが書いた原稿の最初の読者にして最良の読み手が夫のチャーリーだ。結婚して二十三年、じつを言うと、ロダンがはるばる海を越えてマレーナを訪れたように、わたしもチャーリーとは、しばらくあいだを置いてから顔を見たほうが幸せな気持ちになれることがある。

わたしたち夫婦でさえこうだ。種としての人間にとって、一夫一婦制が不自然な状態であることをうかがわせる証拠はごまんとある。人類の進化の歴史をのぞいても、一対の男女の関係を中心にした核家族が存在したことを示す証拠はなにひとつ存在しておらず、現代の社会でも核家族は少数派だ。ほかの異性に背を向け、ひとりの相手だけと長年連れ添うのは、ホモ・サピエンスという種にはやはり珍しい。にもかかわらず、大多数の人にとって、なぜ一夫一婦婚が文化的にも精神的にも理想でありつづけるのかは、やはり興味をそそらずにおかない問題だ。

貞節な鳥の夫婦関係に、人はみずからの願望を重ねているのか。生物学者のデビッド・バラシュはこう言っている。「『こころみだれて』という映画には、この映画のシナリオを書いたノーラ・エフロンと、その夫でウォーター・ゲート事件の担当記者、カール・バーンスタインの結婚生活がほぼ事実にそって描かれている。映画のなかでヒロインが夫のことで不平をもらしたとき、『一夫一婦婚が望みだったのか。だったら、ハクチョウといっしょになりなさい』と父親は答えていた」。

バラシュの説明で、やはりというか、鳥の絆も人間がかくあれと願うほど理想的なものではなかったことが明らかになる。バラシュは、世にはびこる誤解を粉砕する機会を得て、うれしさを隠そうともせずにこう解説する。じつを言うと、ハクチョウは一夫一婦制などではない。鳥のほとんどがそうではないと言うのだ。パイプカットした雄とペアになった雌のコクチョウの実験で、精管がカットされているにもかかわらず、雌のコクチョウは有精卵を生みつづけた。

だれもが「一夫一婦制」だと考えていたことが、実際はかなりの数でわたしたち人間が浮気と呼ぶもの——科学者が言う「つがい外交尾（ＥＰＣ）」——を含んでいた事実がＤＮＡの研究で明らかになった。鳥類学のこうしたデータは信憑性が高く、多くの種についても当てはまる。ということなら、ロダンとマレーナの話に人間が目頭を熱くするのはなんとも間の抜けた話ではないか。

ロダンとマレーナがこの先どうなるのか、それを考えるといろいろな疑問がわいてくる。マレーナが待つ巣に、ロダンの現れない年がいつかまちがいなく訪れる。ロダンが別の場所に飛んでいってしまうとか、年老いて渡りができなくなるとか、あるいはロダンが死んだときなど。逆にロダンが訪れても、マレーナがいなくて巣は空っぽとか、あるいは別の雄のコウノトリが巣を守っているかもしれない。パートナーから拒絶された鳥、あるいはひとり残された鳥は、やはりその悲しみを嘆くのだろうか。それともあらたな相手をみずから進んで求めていくのか。

話が一夫一婦制になると、バラシュのように通説の論破に熱をあげたあげく、まただべつの通説の種をまいてしまう場合がある。その通説とは、鳥がつがいの相手を心底好きになると考えるのは、科学的な裏づけもなく、いささか馬鹿げているのではないかというものだ。しかし、長年連れそった鳥たちが、おたがいに対して、なんの思いも抱いていないということは本当にありえるのだろうか。

マレーナの面倒を見ている村人は、再会した二羽には喜ぶ様子がうかがえると言う。これまでにEPCのようなことが起きていたとしても、そんな浮気が二羽の愛情にひびを入れるようなものでないのははっきりとしている。実際、研究者も、社会的一夫一婦制と性的一夫一婦制とを区別している。性的に見境がなくても、ペアを維持する動物は社会的一夫一婦制に分類される。こうした専門的な分類にも意味があるのだろうが、しかし、これでは鳥たちの感情生活がだいなしだ。こうした見方をわたしたち人間の不倫問題と比べてみよう。不倫は鳥のつがい外交尾に相当する。

ギリシア神話のペネロペは、『オデュッセイア』の作者ホメロスが理想とした貞淑な妻であり、夫のオデュッセウスが二十年にわたって家をあけているあいだも、決して夫を裏切ることはなかった。さみしさにさいなまれたが、身にも心にもいつわりはなかった。一方、オデュッセウスはといえば、妖女キルケとの出来事を考えると妻に忠節をつくしたとは言いがたい。貞淑である女と火遊びを求める男、もしかしたらホメロスは、現代の通俗心理学を見越し、いかにもというステレオタイプ（「さまよう男」と「しがみつく女」といった）を生み出したのだと茶化してみたくもなる。

しかし、そうした不義はあっても、ペネロペに対するオデュッセウスの愛情をだれも疑おうとはしない。一夫一婦婚にさまざまな理想は抱いていても、セックスの忠義が破られたからといって、それは必ずしも深い愛の終わりを意味していない。

一夫一婦の愛が負う喪失の悲しみ

コウノトリの話からギリシア神話へと、話が脱線気味だと思われないよう、ここでベルンド・ハインリッチが、鳥を相手に〝愛〟とか〝悲しみ〟という言い方を躊躇なく使っていたことを考えてみたい。『巣をつくる季節』のなかでハインリッチは、アイダホに住むルース・オレリーという老婦人の話も紹介している。

この女性は一羽のカナダガンと感情的にきわめて近しい関係を結んでいた。ガンの名はティンカーベル、またの名をTBと言う。つきあいは二年にわたり、TBは夜になるとルースのベッドでいっしょに眠ったが、TBがつがい相手の雄と旅立ったとき、ルースはもう二度とTBに会うことはないと考えた。だが翌年、ルースが若いガチョウをひきつれて庭で作業をしていたときだった。突然、ＴＢが雄のガンを伴って姿を現したのだ。

雄のガンが人間との接触から距離をとるのは当然だ。だが、ＴＢのほうは、すたすた寄ってきてルースの膝に飛び乗ると、家のなかまで入り、そのまま部屋から部屋へと歩きまわっていた。寝室ではベッドカバーをめくっていたが、おそらく巣をつくるのならどこが一番かと下調べをしていたのだろう。リビングでは、棚に置かれたビデオテープを引っ張り出し、テレビのほうをじっと見ている。以前、ＴＢはルースといっしょによくテレビを見ていた。

ハインリッチは、「ルースは、そのビデオテープ、『グース』を棚から抜き出すとデッキにセットした。ティンカーベルは長いすのうえに乗り、映画を半分ぐらいまで見ていた。この映画はこれまでにもなんどか見たものだった」と書いている。その日の夕方、ＴＢは雄と飛び去っていくが、以来、これが毎日のパターンとなる。朝、二羽はルースのもとを訪れると、ＴＢは日中をルースとすごし、夕方になると雄と飛び立っていった。

そうしたある日のことだった。いつもの雄の姿が見当たらない。ＴＢは三日間、あたりを飛びまわり、雄の姿を求めて鳴きつづけた。そして、羽のしたにくちばしを埋め、じっとうずくまってしまったのだ。エサをどうしても食べようとしないまま体はどんどん弱っていき、TBはまっすぐ歩くこともできなくなっていた。

この間も若いガチョウはルースのもとで飼われつづけていた。連れあいをなくしたTBを見て、ルースはこのガチョウをTBとつきあわせてみることにした。二羽はやがていっしょに泳いだり、エサを食べたりするようになり、夜はルースのベッドでともに眠るほどの仲になる。雄を失った悲しみからTBは抜け出し、以前の自分をだんだんと取り戻し、その結果、野生の群れにふたたび加われるほど元気になった。若いガチョウを引き合わせたことは、TBの回復にたしかな治療効果をもたらしていたのだ。この話には、第1章の猫のウィラに起こった話と奇妙に通じる点がある。ウィラは妹のカーソンを亡くして悲しんだが、若い猫が家にきたことでその状態から抜け出すことができた。

ハインリッチの本には鳥の愛をめぐる話がたくさん出ている。とはいえそれは、鳥の遺伝子には愛情を発動する仕組みが組み込まれており、雄のガンが雌のガンに対し、一定の距離を超えて近づけば求愛行動が始まり、二羽は定められたプログラムにしたがって歓喜にもつれこんでいく、といったようなものではない。ただし、なかにはおざなりな感じでペアになる鳥がいて、おおよそ愛情的とは言いがたい様子で（少なくとも人間の目には、だが）で生殖行動が行われている。

これに比べると、マレーナとロダンの場合、ただ繁殖が目的というわけではないような行動をたがいに示しており、それは交尾をとげるためには必ずしも必要とされるものではない。子孫を残す衝動は本能であり、そのために二羽がつがうのは当然の営みだが、かといってどの鳥のペアも愛情をわかちあっているかと言えば、これはまた別の話なのだ。

長年連れそったつがいのあいだに結ばれた愛情とはどういうものなのだろう。それは喜びと悲しみをめぐる激しい板ばさみだ。愛によってたくさんのものを得るが、同時に愛は喪失をもたらす。長い年月の果て、二羽がふたたび一羽となったとき、その状態がかりにつかの間のものであっても、喪失のつらさから免れることはできない。

“羽の生えた類人猿”

一夫一婦制の鳥といえば、コウノトリやハクチョウ、ガンが思い浮かぶ。その一方で、カラスやワタリガラスが担っている象徴的な意味はひとすじ縄ではいかない。カラス科に属する鳥は不可解で矛盾に満ちていて、ずる賢さと欺瞞《ぎまん》、死と破滅を意味するのかと思えば、同時に、創造性、いやし、予言、死に伴う再生の力を担っている。

カラスが象徴する力の両面、つまり光と闇の部分に注意を向けてほしい。同じ鳥なのにどうしてこれほど正反対の意味を人間は授けたのだろう。『ワタリガラスのこころ』(*Mind of the Raven*)という本でハインリッチは、このような際だった違いは人間の歴史のさまざまな段階に現れていると指摘する。人間が狩猟によって食料を得ていたころ、カラスは崇拝の対象だった。当時、カラスが群れている場所には、大型の動物を見つけることができ、人間もこうした動物の肉を食べて命をつないだ。やがて人間が定住を始め、家畜を飼いはじめるようになると、カラスの位置づけは変化して、死と結びつけて考えられるようになっていく。こうなるとカラスは盗人であり、食料の肉を奪っていく存在になってしまう。

カラスは動物の死肉をあさるだけではなく、動物を殺すと考えていた社会があり、現在でもそう考えているところは存在する。ハインリッチは、それもわからないことではないと言う。瀕死の子牛の瞳にくちばしを立てるカラスを目の当たりにすれば、この鳥は生きものの命を奪うと思われてもしかたはなかった。一九八五年、イエローストーン国立公園で、泥にはまって死にかけているバイソンの目をカラスがつついている姿が目撃されているが、バイソンの鼻からはまだ息がもうもうとあがっていた。

死体に群がってついばむのがカラスの流儀だが、死体は子牛やバイソンだけとかぎらない。人間もまたカラスの餌食になってきた。大会戦のあと、飛来してきたカラスが戦場にちらばる遺体を好きなようにしていたと歴史は伝える。このようなたぐいの行動をとるのでは、おぞましいという評判をなんとかできるものではない。

カラスが、バイソンや人間の命を奪うというのは想像力の産物だろうが、もっと小さな動物相手に、カラスがきわめて攻撃的に応じている様子は記録されている。二羽のワタリガラスが、北極圏の氷のうえで休むアザラシの子どもを協力してしとめているのだ。一番目のカラスがアザラシの子どもの巣穴のそばに舞い降りる。二番目のカラスがその巣穴にアザラシの子を追い込むと、それを待ちかまえていた一番目のカラスがアザラシの頭をつついてしとめたのだ。この手の観察例が重なって、群れたカラスは〝冷酷〟という言い方になったのだろう。しかし、〝冷酷〟という言い方は〝人殺し〟という言葉ほどまがまがしくはない。

ハインリッチの考えでは、牧畜の始まりとともに、カラスに伴う死のイメージは破滅のニュアンスを帯びていく。けれど、人類学では、はじめに狩猟、続いて牧畜と、歴史は単純な一本線のように見なされていない。狩猟と牧畜は人間が生き残っていく手段として、課された環境条件に応じ、たがいに激しく入り組み、混在しながら行われていたと考えられているのだ。

この点を踏まえると、カラスの象徴をめぐる複雑さは、たぶん、さまざまな文化的伝統の違いによって生まれたのがおもな理由と考えられる。カラスに関連するある言い伝えがひとつの集団で生まれ、そして、それとは別の言い伝えがほかの土地で生まれていたのだ。

アメリカの先住民が、カラスをどれほど豊かな視点でとらえていたのか、それについてジョン・マーズラフとトニー・エンジェルのふたりは、『カラスとワタリガラスの世界』（*In the Company of Crows and Ravens*）のなかで触れている。太平洋側の北西部に住んでいた部族は、カラスは創造者、道化者、いたずら者、姿を変える者、トリックスターと考えていた。

またある部族は、カラスがなぜ漆黒の羽をもつのか、それを物語る話を伝えている。ラコタ族（スー族）の伝承では、カラスはもともと白かった。ラコタの狩人がバイソンの皮をまとい、カラスのボスを捕らえたとき、いつも警告を発しては獲物を逃がして、狩りの邪魔ばかりをしてきた仕返しに、そのカラスをたき火のなかに放りこんでしまう。あやうく難を逃れたカラスだが、火に焼かれて体は真っ黒になっていた。火は火でも、違う火が関連する話がアコマインディアンの伝承だ。カラスが世界を創造したあと、世界を火のなかから救い出した。羽を水に含ませ、燃えさかる世界を鎮めたとき、カラスのその羽は漆黒に変わっていた。

こうした複雑な話のすべてに共通してうかがえるのは、カラスは信じられないほど賢く、そして社会性に富んでいるという点だ。認知面や行動面で、チンパンジーとよく似ているので、霊長類を学ぶわたしとしては、カラスは〝羽の生えた類人猿〟という名で呼びたい。カラスの鳴き声は単に恐怖や興奮を表すものではなく、自分たちへの攻撃、群れの仲間のこと、役に立つ情報など、もっと具体的な内容を伝えているのである。

マーズラフとエンジェルは、カラス特有のコミュニケーションのスタイル、つまり大羽の置きぐあいをさまざまに変化させて語られる〝言葉〟が読めるようになれば、カラスがなにを感じているのかは、人間にも理解できるようになると言っている。珍しいコミュニケーションのしかただが、この方法はカラスが仲間同士で思いを交わす主要な伝達手段なのだ。

カラスは仲間の死を悼んでいるか

カラスの群れは、仲間同士で知識やニュースをもちよる場所で、そこでは一羽ごとにだれがだれであるかと認められているばかりか、問題があればこの場で知的に解決されている。時には、ニュースを交わすためだけに集まっているのかと思える場合もある。

ワシントン大学では、フットボールスタジアムに隣接する駐車場に毎朝カラスが集まってくる。群れになって、カラスはぞくぞくと舞い降りてくる。鳴き声であたりは耳を聾するほどの騒がしさだとマーズラフらは書いているが、駐車場でなにが行われているのかは、鳥類学が専門のふたりにもよくわからない。

儀式はすでに四十年にわたって続いており、少なくとも四世代にわたるカラスがかかわっている。最初のころは、カラスがここに集まるのももっともだと思われた。近くにゴミ捨て場があり、エサをあさることができる。だが、いまではエサがありそうな場所など近くにはない。駐車場がとくに暖かいからというわけではないし、営巣地に近いというわけでもない。それにもかかわらず、なぜカラスはわざわざここを選んで集まってくるのか。カラスは、自分の親、祖父母の世代のカラスと同じことを繰り返している。集会は儀式であり、この場所ならではの伝統にもなっている。

「（カラスは）ここに集まって最新の噂話を仕入れ、今日一日の準備を整えながら、眠気を吹き飛ばしている」とマーズラフは書いている。これはカラスによる文化的な営みなのだ。

有名な神話や伝説には、死と関連づけられたカラスやワタリガラスが登場するものがあるが、カラスにうかがえる群れの傾向や知性を背景に、科学的な視点からこれらを考えてみることができるだろう。〝羽の生えた類人猿〟に関して人が知っているのは、カラスはある種の予言ができること、つまり仲間の死を予感して、それを伝えあっているという点だ。そして、そのときカラスは仲間に訪れた死を悲しんでいるのだろうか。

マーズラフらは、カラスにときおりうかがえる興味深い習性を伝えている。耳障りな鳴き声をたてながらカラスの群れが集まってくる。何百、何千という数のカラスが一か所に舞い降りると、十五分ほどその場にじっとしている。鳴き声がしばらく途絶える。次の瞬間、群れはいっせいに飛び立っていく。群れがいたあとには一羽のカラスの死体が残されている。この出来事はいったいなにを意味しているのだろう。

カラスには危険な場所を避ける性質があり、その場所のなかには、人間や捕食動物によって以前、仲間が捕らえられたところも含まれている。もし、群れの目前で一羽が死ぬようなことがあれば、生き残ったカラスは、ここは今後近寄ってはいけない危険な場所だと心に焼きつけておく必要があり、奇妙な沈黙はそうした一連の行動として行われているのかもしれない。あるいはそうした理由ではなく、カラスの感情面により深くかかわる行為、たとえば葬式のような儀式が執りおこなわれている最中なのかもしれない。

この疑問に答えるには、きちんとコントロールされた実験が役に立つだろう。マーズラフらは、よく知る観測場所にカラスの死体を何羽か置いた場合、そこにすみついたカラスは、〈鳴き声－沈黙－飛び立つ〉というあの特徴的な一連の反応を示すのだろうかと考えた。この仮説を試してみた結果、予想するような反応ではなく、あらたな事実が浮かび上がってきた。

死体が置かれて数分もすると、カラスはいっせいに鳴き声をあげた。声に応じて周辺に生息するカラスが集まりはじめる。まもなく、十羽を超えるカラスが死体の上空を鳴きながら旋回を始めた。一方、ここにすむカラスのうち、数羽のカラスが死体のほうに寄っていき、死んだカラスの姿をまじまじと見ている。おそらく、置かれた死体が自分の知るカラスのものかどうかを確かめているのだろう。すべてが終わったのは一時間後のことだった。この間、カラスは鳴き声をあげつづけていたが、葬儀が行われている様子はまったくうかがえなかった。

ひと筋縄ではいかない生きもの

第5章で触れたゾウに対して行われた観測実験が、このカラスの実験とどことなく似ている点は注目に値する。ケニアで調査するシンシア・モスは、ゾウは自分の近親の骨にいっそう顕著な反応を示すと報告した。七歳の雄ゾウが、群れの仲間よりも長時間にわたって自分の母親の顎骨をなでつづけていたのをモスは目撃したからだ。骨に向けられた雄ゾウの関心が、かつて生きた自分の肉親の骨だと知ったうえで意図されたものなら、それは仲間の死をゾウが悲しんでいるかどうかを知るひとつの手がかりになる。

そこで、モスとふたりの共同研究者は、マーズラフらが試みたように、実験を通し、自分が受けた印象を徹底して検証することを試みた。その結果、群れのリーダーの骨とほかの群れのリーダーの骨に対するゾウの反応には、これという違いは見られなかったことが判明する。

実験の結果がそうだからとはいえ、モスが紹介するこの示唆に富む目撃例――若い雄のゾウが示した感情的な行動にこめられた意味を、わたしは簡単に否定することはできない。それとまったく同じように、今度はカラスが置かれた死体に示した反応に、なにかカラスの感情にかかわる重大な意味が潜んでいるのではないかという思いをわたしは否定できないでいる。

マーズラフとエンジェルのふたりもその点では同じだった。次に出た本『世界一賢い鳥、カラスの科学』のなかでふたりは、「情熱、怒り、悲しみ」という一章を設けてわざわざ説明を試みている。その章でふたりは、シアトルのゴルフ場で、ボールの直撃を受けたカラスの話を紹介している。ゴルフボールはもちろん狙ったものではなく、偶然に起きた事故だった。

このときコースにいて墜落するカラスを目にしたゴルファーは驚いた。仲間を助けようと、もう一羽のカラスがただちに飛んできたのだ。二番目のカラスは、ボールが当たった仲間の羽を足で引っぱりながら、その間ずっと鳴き声をあげていた。まもなく五羽のカラスがやってきた。この時点で三羽のカラスがいっしょになり、「どう見ても死んだとしか見えないカラスをつついたり、引っぱったり、あるいは羽をつかんで、なんとか起き上がらせようとしている」。カラスはもう助からないと考え、ゴルファーらはそのままプレーを続けたが、それから二ホール後、カラスが息を吹き返して飛び去っていったと別のゴルファーから聞かされた。

この例など、ケガを負った仲間に向けられたカラスの思いやりとしか考えられないのだが、カラスにはケガした仲間を殺すという別の一面もある。時には、ケガなど負っていそうにない一羽に対し、集団で攻撃を加えたあげく殺してしまう場合もある。カラスはひと筋縄ではいかない生きもので、群れになるとなにが起こるか予想もつかない。しかし、ここで触れた仲間を助ける行動を見ると、カラスも仲間に対し、愛や悲しみの感情を覚えているのではないかと思える節がある。

カラスもワタリガラスも仲間が死ぬと、「普通は」その体を取り囲むものだとマーズラフとエンジェルは力説する。なにが仲間に死をもたらしたのか、その理由（それを知ることで、同じ運命に遭遇しても逃れるチャンスが高まる）を調べるために行われているのではないかとふたりは考えている。さらに言うなら、群れの序列のなかで、みずからの順位をあげていくことにも役に立っているのかもしれない。「仲間や血縁のカラスが死ねば、カラスはその死を悲しむものだとわたしたちは考えている」とマーズラフとエンジェルは書いている。羽の生えた類人猿――カラスの複雑さについて語るほど、わたしにもますますそう思えてくる。

第9章　嘆きの海に生きる——イルカ、クジラ、ウミガメ

ギリシア北西部のアンフラキコス湾、あたりの海には母親とその子どもの二頭のイルカしかいなかった。母親のイルカは子どもの小さな体を海面まで持ち上げると、ふたたび海のなかに押し戻していた。持ち上げては沈め、沈めては持ち上げる。母イルカは、こうやって死んだ子どもを生き返らせようとしていたのだ。母親はそんな蘇生を繰り返していた。

バンドウイルカの母子で、死んでいたのは生後まもなくのイルカだった。その様子は、海生動物の保護団体テティス協会が派遣する調査船に乗っていた研究者らに目撃された。研究者は船上から母イルカの「死にものぐるいの様子」を観察していたが、二〇〇七年の二日間にわたり、母イルカは声を張り上げ、小さなイルカの亡きがらにくちばしと胸びれで触れつづけていた。赤ん坊が生きてはいない事実が、母イルカにはどうしても受け入れられないようだった。

一五〇頭はいるかと思われる母親の群れから、仲間のイルカがときどき寄ってきて、

この劇的な出来事をうかがっていた。だが、仲間はとくに母子にかかわろうとするわけでもなく、近くにいつづけることもなかった。あたりには、母親のイルカと死んだ子どもだけがいた。

観察していた調査員は母親を気づかった。無理もない。二日間におよぶこのなりゆきで、母親がものを口にしている姿は四時間にも満たない。イルカの体に備わる高い代謝率を考えれば、子どもに注意を奪われたあげく、今度は母親自身が危険な状態におちいるかもしれなかった。

子どもの体も傷みはじめていた。サルやチンパンジーの赤ん坊の死体と比べ、海生哺乳類の子どもが息をひきとると死体の分解過程は早い。母親が子どもに触れるたび、皮膚や体の一部がくずれおちていった。

この母イルカについて書かれた報告書には、観察する研究者が抱いた深い同情が記されている。

船上にいる調査員は、死体を母親からとりあげ、その体を解剖という科学的調査に供しようという気持ちにはなれなかった。調査員は、高度に進化したイルカという生きもの、そしてすでに十分に苦しんだと明らかにわかるこの母親に対して、敬愛の思いを捧げることに決めた。

研究者には自分がなにを目にしているのかがわかっていた。それは母の嘆きにほかならなかった。

サルやチンパンジーと同じように、イルカにも死んだわが子の体を手放せない母親が現れる。ギリシアの例は違ったが、場合によっては、群れの仲間が母親の行動に深くかかわる場合がある。一九九四年には、テキサス州の沿岸で目撃されたバンドウイルカのケースが報告されている。

おそらく、母親なのだろう。小さなイルカの死体が波にさらわれ、海岸に打ち上げられないよう、必死になって泳いでいる一頭のイルカの存在に漁師が気づいた。周囲では、何頭かのイルカが時計まわりにぐるぐると泳いでいる。漁師がそばに寄ろうとすると、尾びれで海面をたたいて水しぶきを飛ばしてくる。母親の行動はおおよそ二時間にわたって続き、翌日もその姿が目撃されている（いずれも同じ母子のイルカだと考えられている）。

この報告書には、もうひとつ別の事例が登場している。小さなイルカの死体を運んでいるイルカの姿が、テキサス海生哺乳類座礁ネットワークのボランティアによって目撃されていたのだ。船をそばに近づけようとすると、死体を押していたイルカはいったん逃げるが、離れた場所に浮かび上がって、ふたたび顔をのぞかせる。周囲では別のイルカが泳いでいる。エンジンを切り、そっと船を寄せてボランティアは子イルカの死体を引き上げた。これには母親は半狂乱のようになってとりみだし、水に潜ると船を目がけて突進してきた。

できることなら、ボランティアはこんな邪魔などせず、思いが満たされるまで母イルカを悲しみに浸らせてやればよかったのだ。これ以上こんなことを続けても、母親は赤ん坊の命を助けられるわけではない。このままでは母親は体力を使い果たし、危険な状態におちいってしまう。おそらくボランティアは、そんな感傷にとらわれたのだろう。

テキサス沿岸で観察された二例目のイルカは、一例目と同じイルカだったのかもしれない。二例目の観察は、一例目からわずか六日後、目撃地点も一二マイル（約一九キロ）しか離れていない。ボランティアが見つけたイルカは、漁師が目撃したイルカと同じ個体だったのではなかったのだろうか。ただ、これほどの期間を耐えるだけの体力が母イルカにあるとも思えない。二例目で目撃された子どもの死体は、最初の様子からうかがえた状態よりも、さらに傷んでいるようだった。

死んだ子イルカを守る十九頭

二〇〇一年、大西洋のカナリア諸島沖合でのことだ。六日間の日程でクジラを観察していた科学者たちが、シワハイルカの一群を目撃した。うちの一頭はおそらく母イルカなのだろう。ここまで説明してきたのと同じ様子で、産み落としたばかりのイルカの死体を運んでいる。このとき、母イルカは二頭のイルカをしたがえていた。

ファビアン・リッターがマリーン・マーマル・サイエンス誌に寄せたレポートには、二頭のイルカは「ぴたりと動きを同調させ、母イルカのわずか先を進みながら、変わらないペースでエスコートしていた」とある。ほかのイルカも近くに寄ってきて、母親のガードに加わっていた。翌日も同じような行動が観察されている。観察はそれから四日以上にわたって続き、四回の観測中、三回に仲間のイルカの護衛がついた。

この間、死体の損傷が激しくなっていく様子がうかがえる。五日目になると、母イルカも長時間にわたって死体のもとを離れるようになっていた。護衛するイルカのほうは死体のそばから離れようとせず、寄ってくるカモメから子どもの体を守っていた。興味を覚えるのは、こうしたイルカが死体に直接触れるようになったことで、死体の真下を泳いでいるときもあった。

科学論文の常として、説明はどうしても無味乾燥で殺風景、感情にかかわる描写がいっさいはぎとられている。しかし、母イルカに視点を合わせ、死体に向けられたほかのイルカが抱いている悲しみを考える場合、感情にかかわる描写はかなり大きな意味を帯びてくる。科学者たちは個々のイルカが写真登録されているデータベースを使い、目前の出来事にかかわっている十九頭のイルカを特定した。そのうち十五頭は、今回に先立ち観察されていたイルカで、強い絆で結ばれた同じ群れのイルカだと思われた。

前回の観察に比べてみると、イルカの移動スピードが遅い。六日以上がたっているのに、当初の位置からほとんど動いていないのだ。子どもの死という異例の事態に合わせ、ほかのイルカもそれに応じて行動していたのだとリッターは結論づけた。

親密な関係のもとで生きるイルカが示した協力だっただけに、イルカの群れが子どもの死に影響を受けていたのは明らかだった。とはいえ、だからイルカの群れは悲しんでいる、と即断するのはやはり性急だろう。しかし、そう主張する理屈は決して薄弱なものではない。母親からうかがえる沈痛した様子、そしてイルカの群れが固い結束で結ばれた社会的な集団であることを考えると、この赤ん坊が息をひきとったとき、母親だけでなく、ほかのイルカも赤ん坊の死を悲しんでいたという可能性はどうしても無視できないのだ。

イルカは社交的な生きものだけに、群れの仲間だけではなく、時にはクジラを相手に楽しそうに遊んでいる。ハワイのマウイ島とカウアイ島周辺の二か所で撮影された写真には、バンドウイルカとザトウクジラがいっしょに遊ぶ姿が写されているが、それはまるで水中ショーのように見事な光景だ。いずれを写した写真でも、何頭ものイルカがクジラの頭部に体をあずけ、クジラが頭をもたげると、その背中をすべってい く。クジラの動きに怒っている気配はみじんもなく、イルカたちもクジラの動きに息を合わせているので、これほど複雑な〝すべり台〟もうまくこなせるのだろう。

そして、これほど仲のいい遊び相手のクジラが死んだとき、その死をイルカは嘆くのだろうか。仲よく遊ぶあいだがらでも、それが長く続く友情でなければ、関係は一時のもので終わってしまう。イルカもクジラもふだんから仲間と協力して活動するので、機会にさえ恵まれれば、いっしょになって遊ぶパターンが種を超えて広がってい くのかもしれない。イルカは豊かな行動レパートリーをもっており、しかもそれはまちがいなく感情に根ざしていることを考えれば、イルカがクジラの死にも悲しみを覚えているという仮説は、まんざら捨てたものではないと思えてくるのだ。

海岸に乗り上げるクジラたち

ところで、クジラが仲間の死を悼むのかという問題には、海生哺乳類の研究者の気をもませ、時には頭を抱えさせてしまう現象がかかわっている。クジラの大量座礁だ。一九九八年二月、一一五頭のマッコウクジラがタスマニアの海岸三か所に乗り上げた。クジラは、別々の三つの群れに属しており、そのほとんどは雌(一一二頭のうち九七頭についてはほぼ確実に雌と断定)だった。ただ、年齢はさまざまで、一歳未満から上は六十四歳にまでおよんだ。

調査に当たったカレン・エバンズらは、遺体から採取した組織を分析した貴重なデータをマリーン・マーマル・サイエンス誌で報告している。これにはわたしも驚いた。たとえば、クジラのなかには妊娠中の雌がいて、その年齢も二十五歳から四十二歳と幅広い。クジラがこれほどの高齢になっても妊娠できるとは思いも寄らなかった。

三か所の座礁箇所のうちの一か所については、クジラの行動が詳細に記録されている。最初に三五頭のクジラが密度の高い群れをなし、岩礁もない広々とした水域から浅瀬のほうへと移動していく。そのうちの一頭が「激しくとりみだした」様子で群れから離脱、しぶきをあげながら海岸線に平行して泳ぎだし、それから海岸のほうに乗り上げていった。このクジラに続くように、残ったクジラが二頭、三頭といっしょになって波打ち際に突進していく。ここまでくると、打ち寄せる波のせいでクジラの体は自然と海岸へともっていかれる（最後の二頭については、このパターンからはずれるようにして岸に打ち上げられていた。仲間が上陸した地点を越えて泳いでいき、さらに離れた地点で海岸に乗り上げた）。

マッコウクジラは、一〇～三〇頭の雌と子クジラからなる一時的なグループをつくっている。これより規模は小さいが、顔ぶれが同じ恒久的なサブグループは、この一時的な集団から離れたり、加わったりをなんども繰り返している。報告書のなかでエバンズらは、群れの家族構成と、どうしてクジラが海岸に乗り上げたのかという関連性についてはとくに言及していない。ただ、マスコミの質問に答え、クジラの座礁には、ある種の感情的な伝染病がかかわっている可能性があると答えた。最初の一頭あるいは数頭のクジラが、感情的なトラブルやケガに関連する理由で海岸をめざしていき、そんな仲間を見捨てることのできない群れのほかのクジラが、そのあとを追ったのではないのかというのだ。

こちらの興味を十分にそそる解説であり、ほかの種類のクジラが海岸に乗り上げる理由とも符合しそうだ。ニュージーランドの保護団体、オルカ・リサーチ・トラストのイングリッド・ビサーの話では、ゴンドウクジラが海岸に乗り上げたときも、群れのクジラはなにが起きたのかと様子を調べにきていた。海岸に近づかないよう、人間が向こうに追いやろうとしても言うことをきかない。

「行く手を阻もうものなら、人と争っても死んだ仲間のもとに行った」「クジラが死を理解しているかどうかはわからないが、しかし、あの様子から見るかぎり、仲間の死を悲しんでいるのはまちがいなかった」と、ビサーはイギリスの科学誌ニュー・サイエンティストに語っている。

イルカの集団座礁についても、なぜ海岸に乗り上げるのか、原因を説明しようにもなにひとつ手がかりがないのは科学者も認めている。二〇一二年一月一日から三月七日にかけ、マサチューセッツ州のケープコッドでは座礁年平均数三八頭をはるかに超える一八九頭のイルカが打ち上げられた。原因のひとつと考えられたのが、フック形の入り組んだこの岬特有の地形で、それが原因で浅瀬に誘い込まれたのではないのかという。だが、地形が理由では、なぜこの一年にかぎって数字が突出しているのか説明はつかないし、ケープコッド以外の同様な地形の場所でどうして起こらないのかがわからない。

さまざまな原因究明がなされた。海軍のソナー（音波探知機）がイルカの方向感覚をくるわせているのではないのかと考えられた。この点についても論議されつくしたが、結局のところ、なぜ大量座礁するかはやはりよくわからない。クジラやイルカが引き起こすこうした現象のうち、群れの絆、群れの仲間に向けられた感情が理由で説明ができるケースもなくはないが、どうしても納得のいかないこの不可解な現象のうち、ほんの一部分について答えたことにしかならない。

殺された仲間の写真を見つめるウミガメ

ここまではクジラやイルカの話だったが、動物が死を悼むという問いは、哺乳類以外の生きものにも向けられている。ウミガメは爬虫類に属する生きもので、なかでもとりわけ華やかな存在だ。海中を遊泳する優雅なたたずまいは、おなじみのリクガメのぎこちなさとは似ても似つかない。ハワイのオアフ島にタートル・ビーチと呼ばれる海岸があり、ここには絶滅が心配されるウミガメがたくさん集まってくる。

数年前のことだが、住民や観光客のあいだで有名になったウミガメがいた。多くの人から愛され、ハニーガールと名づけられていた。だが、惨殺された死体が浜辺で見つかり（人間によって無惨な方法で殺されてしまった）、多くの人がその死を悲しんだ。そして、ハニーガールの写真をおさめた記念碑が住民たちの手によって浜辺に置かれると、それを見ようと大勢の見物客が訪れるようになった。

だが、そのなかに思いもよらない訪問者の姿があった。大きな雄のウミガメが海岸にあがって、記念碑のほうへとまっすぐ向かっていったのだ。写真の前にくると、このウミガメは砂まみれのままそこにうずくまった。顔は記念碑に寄せられている。視線の先はどう考えてもハニーガールの写真としか思えず、様子を見ていた人たちは、ウミガメはもう何時間もこうして写真を見ているのだと考えた。

このウミガメは連れあいの死を悲しんでいたのだろうか。野生動物が抱く感情は、見分けがつくものなのかとここまで検討してきたが、爬虫類が相手ではこの考えはさらにややこしいものになってしまう。カメと霊長類ではあまりにも長い進化のへだたりがあり、それは霊長類ばかりか、どの哺乳類と比べても大差はない。心理学者のアンソニー・ローズが言うように、温かい血の人間に比べ、爬虫類は骨の髄から冷たい生きものなのだ。この雄のウミガメをハニーガールの夫としたテレビニュースのように、カメという生きものが悲しんでいると考えるのは、本能が命じるまま生きている種に、人間のロマンチックな思いを勝手に押しつけてしまうことにならないだろうか。

雄のウミガメがハニーガールを思い、浜辺で嘆き悲しんでいたと断言することはできない。写真がハニーガールを写したものだと理解していたかどうか、それさえ見当はつかない。ただし、ウミガメの心中でなにかが生じていたこと、単に物珍しさにひかれた以上のものがこの浜辺に存在していたことは、手がかりからもうかがえる。写真に向かって突き進んだウミガメのその様子、写真の前にじっとしているあいだ、みじんも動こうとしない姿には無視できない気配が漂う。

もし、写真と同じ大きさのハニーガールの砂の像を置いてみたとしたら、あるいは写真と同じ大きさで、ハニーガールとは無関係の物珍しいものを置いたとしたら、それを目にしたウミガメは写真と同様の反応を示すのだろうか。残念ながらオアフ島まで出向き、実験をきちんとやりとげるには、わたしには飛行機代が不足しているので、この疑問には答えようがない。

ただし、このウミガメが写真の前でなにをするつもりだったにせよ、それはこのウミガメがみずから進んで選んだ行動なのだ。わたしにはそれが、単なる生存活動を超えた領域に属する行動であるのははっきりと伝わる。

仲間を救い出したカメ

ウミガメにしろ、リクガメにしろ、わたし自身のカメをめぐる体験は、南の島のようなエキゾチックなものではなく、自分が暮らす地元での出来事ばかりだ。車に乗っていると、車線をのんびりと横切っていくカメとよく遭遇する。カメはわが身に迫る危険などはおかまいなしで、車に轢かれたあげく、自分が路上の鮮やかなシミになってしまうことにも気づいていない。

救出活動はスリル満点だ。小さくて素直そうなカメは、道の真ん中からすばやく運び出し、道路脇の安全な場所につれていく。体がもっと大きく、気が短そうなカメが相手の場合、突然パクリとかみつかれないよう、こちらのほうが甲羅で身を守る感じになり、足を使って路肩までご案内する。

ある夏の日のことだ。ハイウエイのすみに車を寄せると、いままでは語り草になったカメとの戦いにわたしは参じた。相手は窮地にあったが、それは見事なカミツキガメだった。わたしはその体を持ち上げ、カメよりもっとどう猛な車が行き交う道路から動かした。草むらに連れていくと、わざわざ安全な野原に向けて放してやったのだが、カメはといえば、ここでぐるりと向きを変え、車がビュンビュン走っているほうに戻っていこうとする。

道路の反対側にある、水をたたえた安息の地をめざしていたのだろう。そんなふうに〝本能〟に支配されているので、カメはどんな助けであっても受け付けてはくれない。結局、カメをかかえあげ、わたしは泥と悪臭がこもる道路脇の側溝に飛び込むしかなかった（おかげで、洗い立てのスニーカーはだいなし、かたわらを行き交うドライバーがぎょっとした顔でこちらを見るので、わたしのプライドは大いに損ねられた）。

独善的、教条的、厳格――これがカメの生まれもっての性質だ。「食べて、動いて、交わる」――カメの世界においては、ベストセラーの本や映画のタイトルはこんな感じになるのだろうか。しかし、それもしかたはないだろう。ひところのわたしも、カメのことはそんなふうに見なしていた。しかし、ハニーガールの一件で抱いた疑問を当てはめると、こうした見方には一匹ずつの〝カメの性質〟をきちんと踏まえた視点が欠けていたのではないかといままでは思う。ウミガメもリクガメも、体の大きさや種、海と陸という点で異なるだけではなく、本能を超えるようなかたちで行動しているのだとわたしは知った。

窮地におちいった仲間を救ったカメについて考えてみたい。ここでもう一度、ブームの投稿動画のお世話になろう。動物の愛らしいしぐさ、おもしろい動き、予想もしない反応の様子を撮影したビデオだ。こうしたビデオの一本に横倒しになったカメを映したものがある。足を真横に突き出して、体をちゃんと起こすことができない。そこに二匹目のカメBが寄ってくる。カメBは倒れたカメAのそばにくるとその顔をもたげた。おそらくAの様子を確かめているのだろう。それからそっとAの体を押しはじめたのだ。

最初はまったく変化はないが、Bは決然とした調子で押しつづけた。ひとたびAの体が傾きはじめると、Aもその足を動かして、Bの動きに勢いを加えた。こうしてふたたびAが四本の足で立てるようになると、二匹はそろって悠然と去っていく。

この映像のように出所がはっきりしていない場合、わたしを含めて観る側がかつがれている可能性もなくはない。ユーチューブの熱烈なファン向けに、ドラマチックな映像をどうしても撮りたいと願う人間によって、カメAはわざと横倒しに置かれたことも考えられる。倫理的にもどうだろう。ビデオの撮影者は、カメBに先だって、カメAを助けてやるべきだったのではないか。このビデオに関するそのあたりの事情ははっきりしないが、カメBが示した独創的な問題解決能力は衝撃的で、しかも見事に成功している。

本書のプロローグで、わたしはヤギとニワトリについて触れ、わたしたちが周囲にいる動物に対して抱く認識は、わたしたち自身が抱いている先入観にかなりの程度左右されていると書いた。カメが連れあいをなくしたとしても、カメがその死を悲しむのかどうか、そんなことは調べようともしないし、そのときのカメの行動をまじまじと観察したいとはこれっぽっちも思うまい。けれど、そんな思い込みにとらわれてしまうと、せっかくの機会をみすみす逃してしまうことになりかねないのだ。

リクガメ、ティモシーの教え

そんな思いにさせるのが、バーリン・クリンケンボルグが書いた『リクガメの憂鬱』という小説である。この作品の主人公、リクガメのティモシーは、トルコの浜辺に近い土地で生まれ、船に乗せられてイギリスへ連れてこられた。作者のクリンケンボルグがこの小説で明らかにするのは、人間は自分がそうでありたいと願うほどには、動物たちのことなどなにもわかっていないという現実である。

ティモシーが伝えているのはある種の民族誌であり、十八世紀のイギリスの冬をどのようにして乗り越えていくのかという、ティモシーの目には奇妙にしか映らないホモ・サピエンスの流儀だ。「セルボーンの村に住む人間は冬眠しない。穴に潜り込もうともせず、もぐもぐ食べてばかりいる。（略）火のまわりでうずくまっている。灰をあおいでいる。火の粉が消えないように見張っている。ずっとおしゃべりばかりで、静かにはならない。休んでも、ひと晩以上休みつづけることがない」。

人間の生活ぶりをじっと観察しつづけるティモシーだが、人間のそんな生活など、うらやましくもなんともない。「人間以外のものにも目を向けるが、その目ではなにも見えはしない。自分の種を特別視できるものを編み出すことに余念がない。種を分け隔てる者。特別な支配者。自分のなかにひそんでいる動物じみた部分に当惑している」。

ティモシーがなによりも面食らったのは、自然界に存在するものなら、人間はなんでも数字に置き換えて分類し、厳密にラベルを貼っておかなくては気が済まないという点だ。一方で、自分のゆるぎない理解力にのぼせあがり、人間は得意満面になっている。この本に出てくる記録や書き物のなかで、ティモシーの飼い主であるギルバード・ホワイト氏（実在した十八世紀の博物学者で、カメについても書き残している）はティモシーのことを「彼」と書いているが、ホワイト氏はティモシーが〝彼〟以外の存在であることを示唆する証拠に目も通さないまま「彼」だと早合点していた。「ギシギシの根本に卵は埋めないし、マスカットの蔓の下にも隠してはいない。芝生のうえにも産み落としてもいない。めかしこんだりはしないし、いちゃついたりもしない。（略）ホワイト氏は私のことをずっと雄だと思い込んでいる」とティモシーは考える。

クリンケンボルグが明らかにするように、ティモシーは「雄」ではない。ティモシーは、自分の性とこの世界で自分が生きていることに対する驚きで満たされている。わたしがこの本にひかれるのは、わたしたちが以前よりもさらに明快かつ正確に、動物の行動というものを理解するにいたるまでの姿がこの本には映し出されているからなのだ。動物の行動は、思い込みにとらわれない、新鮮な目と心で見つめなくてはならない。

動物行動学者のゴードン・バーグハルトが、一九九四年にワシントンDCの国立動物園を訪れたときのことである。ピッグフェイスという名前のナイルスッポンの前で足を止めた。動物園の囲いにひとり閉じ込められ、ピッグフェイスはこのときですでに五十年を生きていた(この歳月を目にして、わたしはしばらく考えこんだ)。バーグハルトがピッグフェイスを見るのはこれがはじめてではなかったが、このときの訪問であらためて気がついた点があった。ピッグフェイスがバスケットボールを使って遊んでいたのだ。泳ぎながら鼻でボールをつつき、元気たっぷりにあとを追いかけまわしていた。この光景がヒントとなって、バーグハルトは爬虫類の行動レパートリーを新しい視点で考えるようになったという。

二十一世紀になり、ピッグフェイスのような爬虫類をどう考えるかについては、二本の柱のあいだで揺らぐ傾向を見せている。ハニーガールを亡くして、雄のウミガメは配偶者の死を悼んでいると考えるのか、それとも、クリンケンボルグの小説に書かれているような、ある種の思い込みにとらわれた考え方、つまり、カメの生態は「食べて、動いて、交わる」の繰り返しという考えを前提に、ウミガメ、リクガメを見てしまう姿勢だ。

ハニーガールの例では、雄のウミガメが悲しみを覚えているのかどうかは明らかにできないが、ピッグフェイスとその行動がバーグハルトの役に立ったように、このウミガメの逸話が思いがけない発見をもたらさないともかぎらない。カメという生きものが本当に嘆き悲しむかどうかを知りたければ、こちらから積極的に探し求めていく視点をもたなくてはならないだろう。

第10章　悲しみは種を超えて

大きな耳と長い鼻を揺らし、灰色の巨体が広々とした野原を歩んでいく。足元には灰色の体よりもはるかに小さい白い犬が跳ねまわっている。ゾウのタラ、犬のベラが散歩する。テネシー州にあるエレファント・サンクチュアリの野原、ふたりはくる日もくる日も連れだって歩き回っていた。時にはいっしょに泳ぐこともあった。タラが大きな脚でベラの腹をなでてもじっとしている。ベラが友人に絶大な信頼を寄せていたのは、その様子からも歴然だった。

雌のゾウのタラが雌犬のベラと仲よくなったのは自分から進んでのことであり、サンクチュアリのスタッフにそうしろと教えられたからではない。八年間、二頭は本当に仲がいい親友だった。二頭を紹介したテレビやインターネットの映像は世界中で大きな反響を巻き起こした。見事なほど体の大きさが違うふたり、そして性質もまったく異なる動物が、変わらない友情をはぐくんでいる姿を知って、大勢の人たちが元気づけられた。タラとベラを見ていると、友だちになりたいという気持ちが双方にあれば、似つかないもの同士のあいだでも友情の絆は花開くと思えてくる。

だが、二〇一一年十月のある日、ベラが野生動物に襲われる。おそらく複数のコヨーテのしわざだったのだろう。この襲撃でベラは息をひきとる。情況から考えて次のふたつの点は明らかだった。ベラの死体の最初の発見者はタラ。そして、ベラの体を納屋の近くまで運んできたのもタラだった。ふたりはよく納屋で楽しい時間をすごしていた。

だが、タラが遺骸といっしょにいた姿、遺骸を運んでいる姿を目撃した者はサンクチュアリにはいない。情況から察するとタラしか考えられないが、これが真実かどうかは確認できない。ただ、はっきりしている点はいくつかある。二〇一一年十月二十四日、ふたりはいっしょのところを目撃されている。その翌日、朝からベラの姿はどこにも見えなかった。スタッフが探しはじめたが、どこにもいない。その翌日もベラの捜索は続いた。ベラがこれほど姿を見せない日が続くとはただごとではない。スタッフもだんだん、最悪の事態を恐れるようになっていた。

その恐れが現実のものとなる。ベラの死体が納屋の近くで見つかったのだ。死体の周辺にはコヨーテや野生動物の気配は残っておらず、争った形跡も見当たらない。だったら、ベラはどうやってここまでたどり着いたのか。それが謎として残った。ベラは襲われた場所を逃れ、心安らぐ納屋へと帰ってきたかったのだろう。しかし、負っ

エレファント・サンクチュアリを歩くタラとベラ
（photo © THE ELEPHANT SANCTUARY IN TENNESSEE）

た傷は深く、自力でたどり着けるような距離ではなかった。タラの牙の内側に血のあとが見つかったとき、サンクチュアリのスタッフは、遺骸を運んできたものの正体を知った。それとも、納屋に向かってくるベラ、あるいは息絶えているベラを見つけたタラが、その牙を使って、ベラに助けを差し伸べ、励ましていたのだろうか。

真相はともかく、遺骸をスタッフにまかせてしまうと、タラにはそれ以上ベラのそばにつきまとう気配はうかがえなかった。その日の遅く、ベラの亡きがらが埋葬されたときも、タラはそばに寄ってこなかった。サンクチュアリのスタッフは、ウエブサイトにこのときの様子と、埋葬の翌日の出来事についてのちにこう書きこんでいる。

タラは葬式に参列しないことを選んだ。お

墓から一〇〇メートルも離れていない、木がまばらに生えた場所にたたずんだまま、どうしてもこちらのほうに寄ってこようとしない。サヨナラはすでに済ませていたのだ。儀式は人間のためのものだと考えているのだろう。（略）翌日、ある事実に気がついて、スタッフは胸をつまらせた。夜から明け方にかけて、タラはここにきていたらしい。近くには真新しいゾウの糞があり、盛られた土にはゾウの足跡が残っていた。

この書き込みを最初に目にしたとき、わたしは疑ってかかっていた。墓で見つかった訪問者の痕跡がどうしてタラのものだと特定することができたのだろう。だが、スタッフたちの話から、決め手となる証拠をいくつか知った。タラが墓にいたのは目撃されていないが、近くにいたのは人に見られており、あたりにはほかのゾウがいなかった。さらにスタッフは十分な経験を積んでおり、足跡と糞だけでもゾウを特定することができる。こうした点を考え合わせたうえで、サンクチュアリのスタッフは、墓を訪れたのはタラに違いないという結論をくだしていた。

種を超えて結ばれた友情

タラとベラが、どれほど長い期間にわたって友情をはぐくみ、楽しんできたかは疑う余地もないだろう。残された側が、相手の死を嘆くことがきわめて高い確率で予想されるのがこうした場合だ。

スタッフが最後に報告した事実も見逃せない。ベラの姿が見えなくなり、遺骸がまだ見つかる前の時点でタラがすでに元気を失い、悲しんでいる様子を示していたとタラの担当者には見てとれた。タラは食欲をなくし、その様子もこれまでに目にしたことがないものだった。

前後から考えると、タラはベラの不在に動揺していたのであり、その死はまだ知るすべもない。けれど、こうしたときに現れる反応の違いをどう見きわめるのか。この問題は前にも考えた。つまり、親友が行方不明になった際に示す反応と、相手の死を悼んでいるさなかという状態をどう区別すればいいのかという問題だ。

動物園にいるゾウやゴリラ、チンパンジーには、長年の友人がある日をさかいに忽然と消えてしまうのはごく日常的な出来事だ。友人が木箱に押し込められ、別の動物園に送り出されていっても、その事実を飼育員が説明してくれるわけでもない。わたしたちの家でも似たようなことは起きている。獣医のもとに連れていき、そこで息をひきとったペット、そして自宅には留守番をして帰りを待っていた仲間のペットがいる。こうした場合も大差はない。

サンクチュアリという環境でも、ゾウはいま大好きな仲間といっしょにいたいと恋しがっているのか、それとも相手に死なれ、悲しみに沈んでいる状態なのか、その違いを区別するためには、洞察力に恵まれた観察者が必要だ。タラのケースでは、ベラの不在で始まった一時の悲しみが、逃れようのない痛ましさとなって一気に高まったという。タラの面倒を見る担当スタッフの報告では、途切れ途切れだが、タラはそれから何週間もベラの墓を訪れていた。

タラとベラの深い感情のやりとりを見ていると、ここ数年、種を異にする動物同士の友情がかくも話題になっているのがよくわかる。インターネットで、ふたりの仲のいい様子を写したビデオが大評判となり、タラとベラはブームの火つけ役となっていた。

二〇一一年、ナショナル・ジオグラフィックの編集者、ジェニファー・ホランドは『びっくりどうぶつフレンドシップ』を出版し、この本はベストセラーリストに登場するほどのヒットになった。犬ゾリを引く犬とホッキョクグマの友情、ヘビとハムスターの友情のほか、種を異にする動物のペアをめぐる四十七の話が――そのなかにはタラとベラも含まれている――詳しく語られている。本のなかでホランドは、ベラが病気になったとき、タラが寝ずの番をしていた話に触れている。ベラが治療を受けている建物の近くで、何日ものあいだじっとたたずんでいるタラの姿は深い悲しみをたたえていた。ようやく再会できたとき、ふたりはそれぞれの種にふさわしい方法で喜んでいたという。ベラは全身を震わせ、地面をゴロゴロと動きまわり、タラはタラで鳴き声を高らかにあげると、鼻先を使ってベラをやさしくなでつづけていた。

ただ、この本で、種が異なる動物のあいだで結ばれた友情、そして、友情だと分類された例のなかには、「一時的な良好関係」と表現したほうが正確なケースがいくつかある。

たとえば、こんなふうに考えてみよう。友人の家に何日間か招かれた。この家で飼われている犬と裏庭で散歩をするほどの仲になり、そこでフリスビーを手ほどきすると、以来、犬のほうから誘いにくる。全身にうかがえる様子から、犬がフリスビーを楽しんでいるのが伝わる。一連のプラスの交流で、人と犬が協力者同士、つまり情況にマッチした一時的な提携関係が結ばれているのだ。それとも人と犬とのあいだに友情が築かれたのだろうか。つかの間の交流であろうと、心が満たされていれば、それも友情だという基準なら話は別だ。

友情が支払うべき代償

友情を築くには、長い時間をかけた交流が欠かせないはずである。ホランドは本のなかで、カナダ北部のチャーチヒルという町で起きた、犬とホッキョクグマの友情の例を紹介している。ある日のこと、犬がつながれている囲いに大きなホッキョクグマが寄ってきた。ホッキョクグマがソリを引く犬を襲うことはときどきあり、このあたりでは珍しくはない。犬のほとんどが落ち着きをなくしていると、一頭だけそうでない犬がいた。

カメラマンのノーバート・ロージングは、クマが転がり、前脚をその犬に差し伸ばしているのを見ていた。犬もはじめは警戒ぎみだったが、やがて緊張がとけ、いっしょに遊ぼうというクマの誘いに応じていた。途中一度だけ犬が悲鳴をあげたのは、いささか強く噛まれたからで、それからというもの、クマも小さなパートナーに敬意を払い、力かげんには気をつかうようになった。二頭はおおよそ二十分遊びつづけたが、それから数日、クマはここにきて同じ犬と遊んでいた。

チャーチヒルでは、ホッキョクグマと犬がいっしょに遊んでいるこの種の光景はとくに異常ではない。おそらく、たくさんのホッキョクグマがたくさんの犬と遊びに興じてきたのだろう。複数の巨大なホッキョクグマが、一頭の犬を相手に遊んでいる場面を写したビデオがある。

雪を背景に犬の白い毛は少し汚れて見える。スローモーションで撮影されていて、クマは犬を相手にしているが、怖がらせてはいない。ごつい鼻先で犬を突いているクマ、別のクマは文字どおりぎゅっと抱きしめた《ベアハッグ》ものだから、犬は身もだえしている。犬の頭部に広げた両手をかざすクマがいる。だが、そばにクマがいても犬は緊張などしておらず、もっとやってとクマのほうに寄ってくる。

クマと犬が遊ぶという行動に関しては、さらに詳しい研究がぜひ必要だ。こうやって遊ぶクマと犬の組み合わせは無作為のもの、つまり、どのクマ、どの犬にかかわりなく、いっしょに遊ぼうとするものなのか。それとも、双方で特定のタイプを繰り返し選んでいるのだろうか。そして、こうしたクマと犬をしばらく引き離した場合、いったいなにが起こるのか。会えない相手を思い、悲しそうな気配をうかがわせるのか。クマも犬も、遊んだ相手の死体を目の当たりにしたことはあるのか。チャーチヒルの犬とクマとのあいだには、タラとベラの関係にうかがえたようななにかが存在するのか。そのなにかとは、楽しいときをともにすごした相手が死んだとき、種の違いを超えてこみあげる痛切な悲しみだ。

異種間に見られる友情のすべてが、相手の死を嘆くのかという質問に答えられるほど深い関係を築いているわけではない。たとえば、ホランドの本で友情関係にあると書かれたヘビとハムスターの場合、動物園で飼われているこのヘビにハムスターが引き合わされたのは冬のことだった。この時期、ヘビの代謝は低下しているので、ヘビはハムスターをぐるりと巻いて抱きかかえた。ホランドも、顔合わせが夏に行われていたら、ヘビのお腹はハムスターのかたちに膨らんでいたかもしれないと認めている。その後、ハムスターがどうなったかについては、ホランドはなにも触れておらず、わたしもこの例から死を悼む手がかりが得られるとは期待していない。

カバのオーエンとカメのムゼーの友情は、これとは対照的に驚くほど安定している。二〇〇四年のスマトラ沖地震の際の津波が原因でひとりぼっちになったオーエンは、ケニアの自然動物園に引き取られたが、そこにいたのがおん年百三十歳になるカメのムゼーだった。

はじめて出会った瞬間、劇的な感情の交流があったというわけではないが、若くてやんちゃなオーエンがリードするようにして、二匹はたがいの愛情を少しずつ深めていった。まもなく、どこへ行くにもふたりはいっしょの仲になり、ふたりだけに通じる独特のコミュニケーションも使われはじめるようになった。ムゼーがオーエンの尻尾をかんだら、オーエンは前に進む。オーエンはオーエンで、ムゼーに曲がってほしいときには、ムゼーの足をそっと押した。ムゼーの右のうしろ足を押したときは、右に回ってほしいとき。左のうしろ足を押せばムゼーは左に曲がった。

オーエンがムゼーと死に別れたら、なにが起こってしまうのだろう。それは逆の場合であっても変わりはしない。長く続いた友情が支払わなくてはならない代償が、生き残った側の悲しみである場合は決して少なくない。そして、その悲しみは、種をわかつ境界線にもまったく容赦をしてくれない。

なぜ種を超えた友情を求めるのか

異種間で交わされる友情とそれに伴う悲しみは、わたしたちの家庭であっても変わりはしない。メリッサ・コホウトは、ドーベルマンのルーシーが死んだとき、猫のマディソンが示した姿に心を動かされた。マディソンが飼われるようになったのはルーシーが四歳のとき、皮膚病を患っていたマディソンは、毎日おふろに入れなければならなかったが、そんなときルーシーは濡れた子猫の体をなめとった。夜になると毛づくろいしたり、されたりの毎日が何年も続いた。

そんな関係が七年続いたころルーシーがガンを患う。難しい時期を迎えたころ、とても奇妙な事件がもちあがった。猫が大好きな人間によくする〝プレゼント〟として、ある晩遅く、マディソンがメリッサの寝室に入り込み、胸元に生きたネズミを届けてくれたのだ。「ふとんが宙に舞ったわ。マディソンはネズミを追ってキッチンに飛び込んでいった。前脚をネズミにかじられたらしく、大きな鳴き声をあげたとき、病気のはずのルーシーが飛んできてネズミをかみ殺し、それからまた寝床に戻っていった」。

ルーシーは家で最期を迎えた。マディソンは飼い主のベッドに潜り込んで身をひそめるようになった。これまでに見たこともない行動だ。それから翌月いっぱい、食事とトイレを除き、マディソンはずっとこの穴のなかにいて、外へ出てこようとはしなかった。メリッサが言う〝喪中〟の期間を終えると、マディソンがベッドをこんなふうに避難所として使うことは二度となかった。

カレン・ションバーグは、ワシントン州にある自分の小さな農園で起きた、似たような事件を話してくれた。カレンが飼う三十二歳のシェットランドポニーのピーチが、息切れと静脈の鬱血が原因で倒れてしまう。ピーチと長年仲よくしていたのがヤギのイゼベルだったが、親友の様子が心配でたまらない様子で、仲間のヤギを避けてまで、ピーチのそばにつきそっていた。

カレンも心配でちょくちょく容体を見ていたが、ある夜遅く、驚くような光景を目の当たりにする。飼い葉桶を支えに、崩れ落ちそうになるのを必死でこらえ、ピーチがなんとかその脚で立とうとしていたのだ。かたわらにはイゼベルが寄り添い、ピーチの胸に体をあずけ、崩れ落ちないようにと押しもどしている。親友の力添えがあって、ピーチもかろうじて立ったままでいられた。翌朝、ピーチは床に倒れて死んでいた。カレンには、イゼベルがしょんぼりしているように見えたという。

ピーチとイゼベルの話から、同じ種の仲間に囲まれていても（オーエンとムゼーの場合はそうではないが）、種が異なる動物を友人に選ぶ場合もあるようだ。周囲にヤギがいるのに、なぜイゼベルはポニーといっしょにいるのを好んだのか。テネシーのサンクチュアリでは仲間のゾウに囲まれていたにもかかわらず、それでもタラはベラと親しく交わるのを望んだ。

イゼベルがそうだったように、親友が死にかけているとき、あるいはタラのように相手が死んだあとも、見送った側の動物は感情面で抜き差しならない状態におちいる。にもかかわらず、動物はなぜそうまでして種を超えた友情にひかれるのか。動物の多くは好奇心が強く社交的で、新しい経験にも心を開いているため、異種の動物と交流をはじめたころに得られる〝プラスの雰囲気〟をさらに求めているせいなのかもしれない。友情はその結果として芽生えるものなのだろう。

ある意味、本書に登場する話のほとんどに種を超えた生きものの悲しみが織り込まれている。仲間である人間が死ねば動物は悲しみ、人間もまた愛する動物の死に深く心を痛める。二〇一一年、ホッキョクグマのクヌートが死んだとき、ベルリンでは全市が悲しみに染まった。母グマの育児放棄が原因で、ベルリン動物園で育てられていたクヌートは、ニューヨーク・タイムズが「国中が夢中」とたとえたほどの人気者だった。ベルリンのシュパンダウ地区、国立歴史博物館、ベルリン動物園の三か所で追悼式が行われ、記念碑が建てられることになった。

死を記憶にとどめておきたいという強い思いは、もっとささやかな場合でもこみあげてくるもので、わたしも最近、ティンキーという猫のために催された小さなセレモニーに参加した。ティンキーは、わたしの友人のヌアラ・ガルバリと十八年間ともに暮らした。ヌアラのパートナー、デビッド・ジャスティスは、猫、ウサギ、馬、鳥といろいろな生きものの世話を焼いている。

ティンキーがまだ子猫のころ、ヌアラはティンキーを横に座らせてピアノを弾いていた。そのうちティンキーの前脚に手を添え、鍵盤のうえで動かすのが習慣のようになった。ティンキーも進んで応じただけではなく、やがて鍵盤をたたいてヌアラと思いを交わすようになる。ヌアラが病気で弱っていたとき、ティンキーもヌアラの病状に応じるように、枕元から離れようとしなかった。長い療養期間を通してふたりの結びつきはさらに深くなった。

健康を取り戻したヌアラは、ふたたび音楽への愛着をティンキーとわかちあう。「何回もそんなことはあったけど、ティンキーは右の前脚で一オクターブ六音階の音が弾けたわ。それをほめると、今度は左の前脚で、オクターブをさげて弾いてくれたときもあった。わたしが両手を使ってピアノを弾いているのが、なぜかあの子にもわかっていて、だから自分も両手を使って弾こうとしていたのにちがいない」とヌアラは言う。

ティンキーも年を重ね、しだいに衰えていった。最期はヌアラの家で迎えたが、わたしを含む何人もが胸を痛めた。そこでヌアラの家の裏庭にあるティンキーのお墓の前に集まり、ティンキーの思い出にひたるために写真を見たり、詩を読み上げたりしたのだ。

いとおしい命の記憶

ジェシカ・ピアースは『最後の散歩—ペットの命が果てるとき』（*The Last Walk: Reflections on Our Pets at the End of Their Lives*）という著書のなかで、自分の飼い犬であるオディの最後の数週間とその死をじつに感動的に描いている。

中型の猟犬、ビズラ種のオディは十四歳で死んだ。最晩年を迎えるころには、脚は激しく萎えたばかりか、認知症を患い、目はほとんど見えず、耳も満足に聞こえなくなっていた。生命倫理学を研究するピアースは、オディにとって「よき死」とはなにかを懸命に考える。ピアースがオディの命に対して負うもの、オディにとっていつ、どんな方法で死を迎えるのが最良なのか、そしてそれは、ピアース自身の一方的な執着を満たすのが目的ではないのか。

もちろん、オディはずっと体が弱かったというわけではない。何年にもわたってピアースといっしょに走り、マウンテンバイクのお供もした。だから、自分の目に映るぼろぼろに衰弱した命が、あのオディとは思えない事実にピアースはこの期におよんでも困惑している。しかし、情況は悪くなるばかりだった。倒れても自分ひとりで起き上がれない。家族が気づくまで、自分がもらした排泄物のなかで眠っている。結局、ピアースは獣医を家に招き、オディに安楽死を迎えさせた。

オディの死後、ピアースの胸は激しく痛んだが、息をひきとる瞬間が一番つらかったわけではないことに気がついた。

わたしにとって、あらかじめ予想のつく悲しみは――目の前にさしせまった喪失の感覚――決して最悪の段階でなかった。その死がいよいよ現実のものとなる前から、わたしはオディのことを思っては悲しみにくれていた。オディが息をひきとった瞬間は鋭い苦痛であり、まるで溺死してしまうような悲しみを覚えた。けれどそんな思いは数時間と続かなかった。

ピアースの本を読んでいて、わたしが一番好ましいと感じるのはその率直さにある。ピアースはオディを「十四年にわたって、わたしが一番に愛したもののひとつ、同時にわたしの悩みの種でもあった」と書いている。オディは病気がちだったというわけではないが、手のかかる犬だった。ピアースの言葉を借りるなら、いこじで神経質な犬だった。わたしにはピアースが感じた思いもわかるし、悩みの種というコメントの意味もうなずける。

わが家の書斎の暖炉には、桜の木でできた八つの小箱が並んでいる。そのうちの五つの箱には飼っていた猫の遺灰、ふたつにはウサギの遺灰、ひとつだけ大きな箱のなかには犬の遺灰がおさめられている。もとの飼い主だった親類が亡くなり、わが家で引き取って面倒を見てきた犬の遺灰だ。

どの箱にも小さなプレートがついていて、家族で選んだ思い出の言葉がつづられている。灰色に白が交じった孤高の猫は、生まれつきプライドが高く、近よりがたい雰囲気を漂わしたたくましい雄の野良だった。だが、病気になってからというもの屋内での生活がすっかり気に入ったので、わたしたちもこの猫を家に招き入れることにした。そのプレートにはこう書かれている。「野良のなかの野良、だが最後にふさわしい場所を知った」。おとなしかったマイケルはわずか三年しか生きられず、やっかいな病気をたくさんかかえて闘病していたが、気丈な一面ももちあわせていた。マイケルに捧げたのは「やさしい子《スイートボーイ》」だった。

わが家で飼って死んだ動物にも手のかかるものは何匹もいた。いこじなものもいたし、神経質なものもいた。だが、わたしたちには息をひきとったどの動物もいとおしい。どの子たちも、わたしたち家族には心からの友人だったからである。

第11章　自殺する動物たち

クマ農場——なんど聞いてもぎょっとしてしまう言葉だ。養鶏場、養豚場、牛飼育場のことはよく耳にするし、バイソンやラマを肥育しているところも存在する。そして、無邪気な子どものころならともかく、こうしたところで飼われている動物に向けられる思いは必ずしも牧歌的なものではない。動物愛護とは言えそうもない方法で命を絶たれているかもしれないと、なんとはなしにそう感じているからなのだ。

そんな話についてあらたな知識を得ると、時にはぞっとすることがある。『ニワトリ』(*Chicken*) のなかで、アニー・ポッツが触れていた食肉処理の話が頭にこびりつき、もう一度その話をすることはできそうにもない。ただ、こうした話にどのように答えようとも、では、日々の食事をどうするのかという問題がある。菜食主義《ベジタリアン》か、それとも卵や乳性製品もいっさい口にしない完全菜食主義《ビーガン》であるか、あるいは肉を食べるにしても、土地の農場で育てられた放し飼いのものにするとか、ニワトリ、牛、豚にかかわらずどこでも手に入る飼育場産のものを口にしようと、それはそれぞれの家庭の流儀である。

けれども、クマ農場はそういったたぐいのものではない。その存在を知ったのはつい最近で、マーク・ベコフのブログでこの言葉を目にするまでまったく聞いたこともなかった。ブログのタイトルは「中国のクマ農場で母グマが自分の子どもを殺し、みずからの命を絶つ」というものだった。しかし、「クマ農場」に気をとられ、記事のタイトルがなにを意味するのか、頭を切り替えるのに少し手間がかかった。クマが自殺を――。

ベコフの言う事件がメディアで報じられたのは二〇一一年八月のことで、まず中国で、それから欧米のメディアが続いた。取材経緯は明らかではないが、イギリスの大衆紙、デイリーポストのオンライン版には、「究極の犠牲――母グマ、無惨な毎日から逃れるためわが子を殺して自殺」と見出しにうたわれていた。

母グマの行動、そしてこの行動が動物の悲嘆とかかわりがあるかどうかを考えるために、まず気がかりな事件の概要を知っておく必要がある。つまり、この農場ではいったいなにが行われているのだろうか。クマ農場を正確に記すなら熊胆《ゆうたん》農場。中国からベトナム、韓国のアジア全域にかけてクマがとらわれて飼育されているのは、クマの肝臓でつくられている胆汁を手に入れるのが目的で、クマの胆汁には医薬的にきわめて高価な成分が含まれているからなのだ。ウルソデオキシコール酸（ＵＤＣＡ）と呼ばれる成分で、肝臓病、高熱のほか、多くの病気にも効き目があると喧伝されている。薬ばかりか、ガムや歯磨き粉、あるいは美顔クリームにUDCAを加えた製品もつくられている。

しかし、UDCAをめぐる生物学的な情況がひと筋縄ではいかないのは、じつを言うと胆汁をつくるのはクマにかぎった話ではないからである。人間も含め、動物の多くが同じように胆汁を生成している。そればかりか、化学合成によってUDCAが生産されるようになり、すでに胆石を溶かす治療薬として用いられている。代替手段の登場でクマ農場もいよいよ終わりを告げるかと思われたが、情況はまったく別の方向に進んでしまった。

エルス・ポールセンが『スマイリング・ベアーズ』（*Smiling Bears*）で触れているように、合成品の登場は、クマの胆汁を使わない代替手段だったにもかかわらず、クマに由来する熊胆の価値をますます高らしめ、クマの平穏をかえって脅かすものになってしまった。富裕層のあいだでは、クマの生き肝から抽出した高価な胆汁を使えることは、自分たちの豊かさを誇示するあかしなのだ。

壁に突進して死んだ母グマ

『スマイリング・ベアーズ』には、クマ農場でなにが行われているのか、それを伝えるきわめて痛ましい話が紹介されている（動物虐待にかかわる生々しい話が続くので、避けたい方はこの項はとばしてお読みください）。

中国という国では、アジアに生息するクロクマは胆汁を生産する生きた機械のような扱いを受けていて、「クマは一頭ずつ、棺に似た金網製の枠のなかに体を横たえ、数年におよぶ生涯をこの枠のなかで永久に閉じ込められたまますごす。前脚の片方はかろうじて動かせるので、手を伸ばしてエサをとることができるのだ」。

使われている〝永久〟の言葉がなんとも痛ましいが、この本にはもう一か所、別の箇所で〝永久〟という言葉が登場している。「きちんとした麻酔処置もされないまま、なかば朦朧としたふらふらの状態でクマはロープで縛りつけられている。腹部には金属製のカテーテルが永久に差し込まれ、胆嚢から胆汁を吸い上げているが、このカテーテルも最後には錆びてしまう」。

やがて、正気を完全に失うクマが現れる。こうしたクマは、身動きもままならないまま、鉄格子に激しく頭を打ちすえるが、死によってこの苦痛から逃れようにも、死はあまりにも緩慢として思いどおりには訪れてくれない。

アジア全体でどれだけクマが農場にとらわれているかは調査によって異なるが、一万頭を超えるのはまちがいないだろう。そして、こうしてとらわれの身にあるクマのうちの一頭が、ベコフがブログでとりあげた自殺した母グマだった。この母グマをめぐる一連の出来事は次のような様子で起こったらしい。胆汁を採取するため、農場の作業員が子グマに処置を施していた。苦しさで鳴き声をあげる子グマ。そのとき、拘束を逃れて自由になった母グマが子グマの体をつかんで抱えこむ。その力は子グマを絞め殺すほどの激しいものだった。それから、母グマは壁に向かって頭から突進し、そのまま息絶えてしまったという。

もちろん、この説明は決して十分と言えるものではなく、きわめて重要な点が抜け落ちている。このとき作業員は正確にはなにをしていたのか。母グマはどうやって拘束から逃れることができたのか。母グマの行動に関して、目的や動機、感情をいっさい交えてはならないことも重要だ。動物の行動を論じる際、それが正しい方法だと大学院では教えられた。

しかし、本書でこうして試みているように、わたしはもはやそうした方法で動物について書いてはいない。だから、この母グマの件についてはもうひとつ別の書き方ができるだろう。苦しさで鳴き声をあげる子グマをしり目に、胆汁採取の準備を進める作業員。愛するわが子が苦しむ様子に絶望する母親。拘束からなんとか自由になることができた。そして、子グマを抱きかかえて絞め殺す。そうすれば、これ以上子グマが苦しむ必要はなくなる。激しい感情の痛みに圧倒され、母親は意図して壁に向かって突進していった。自分も死ぬつもりだったのだ。

どちらの説明が正確さにおいてまさっているだろう。クマの母子、さらには何万何千頭のクマたちが直面している過酷な現実に心を痛めているときに、このような比較に考えを振り向けるなどそもそも無理な注文かもしれない。けれど、事実の基礎に横たわる科学的な疑問は無視できるものではない。

たとえば、母グマの精神状態は正常だったのかという問題がある——ポールセンも著書のいたるところで示唆している点であり、その可能性は否定できない——正常な判断を失った母グマは、自分がなにをしているのかまったくわからないまま、壁に突進していったのかもしれない。それとも、動物のなかには意図して自殺を選べるものがいるのだろうか。新聞には、母グマは「地獄のような生活から救うため」に子グマの命を奪ったという目撃談が書かれていた。動物は、自分の判断が正しいと筋道を立てて考えることができるのか。クマは安楽死に等しい行為ができるのだろうか。人間は、愛は喪失の悲しみと背中あわせで、ともにわかちあう喜びは、いつかひとり残される悲しみに変わることを知っている。愛する相手を肉体的な苦しみから逃すためにその命を奪う——あまりに深い悲しみは、動物さえそんな行為に駆り立ててしまうものなのか。

あいにくなことに、報じられた母グマの詳細はあまりにも断片的で、本当になにが起きたかについて、きちんと結論づけられるものではない。いずれにしろ、観察だけでは、母グマがなぜこうした行動におよんだのかという原因は解明できない。とはいえ、この一件を単なる未解決のミステリーとして棚上げにしてはならないだろう。
そうではなく、このクマの母子の最期と母グマの行動は――根底にある意図がどういうものであれ――わたしたちが今後、動物の悲しみというものを考える際に、あらたな問いかけとして加えていく必要があるのだ。つまり、動物は自殺できるのか。もしそうなら、動物が抱いた悲しみは自殺の動機になりうるのかという疑問である。

死んだ母グマと雄のガゼルの共通点

生物は自然淘汰によって進化するというダーウィンの『種の起源』が刊行される十二年前の一八四七年、じつはこの疑問を彷彿とさせる事件がサイエンティフィック・アメリカン誌に掲載されている。このときは、地中海のマルタ島で飼われていたガゼルだったが、話はいくつかの点で中国の母グマの話に重なる。以下がその記事だが、「ガゼルの自殺」という見出しで、百六十年以上も前に紹介された。

先週、マルタ島にあるガウチ男爵の屋敷で、動物をめぐる珍事が起きた。不幸な結末に終わったが、動物の愛情というものをうかがわせるような一件だった。事の発端は食べたものが原因で突然死んだ雌のガゼルで、その亡きがらを守って雄のガゼルがそばに立ちつくしていた。死骸に触れようとほかのガゼルがやってくるたびに雄はツノで突いて追い払っていたが、なにを思ったのかこのガゼル、突然、身を躍らせると壁に向かって頭から突っ込んでいった。そして雌のかたわらにばたりと倒れ込み、そのまま息をひきとってしまったのである。

雌のガゼルの死にはとくに不審な点はうかがえず、クマの母子の話とは区別できるが、しかしふたつの話には奇妙に一致しているところがある。母グマと同じように、雄のガゼルもまた壁に向かって突進していったという点だ。こうした劇的で激しい行動に駆り立てられるほど、母グマと雄のガゼルの思いは、喪失（ガゼルの場合）と苦悩（母グマの場合）に圧倒されていたのだろうか。

二〇一一年、ガゼルについて書かれたこの短い記事を再検証したマリー・カーメルクの文章がサイエンティフィック・アメリカン誌のホームページにアップされた。そのなかでカーメルクは、雄のガゼルの行動が、激しい悲しみの果ての自殺だという説は考えられないとして、雄の破滅的な行動を別の点から説明しようと試みている。カーメルクの考えはこうだ。

雄のガゼルもまた、雌のガゼルの死因となった同じものを食べていたのではないのか。そして口にしたものは、雌には死をもたらしたが、雄の場合、その物質は神経系に障害を引き起こし、雄は暴れてあのような行動におよんでしまったというのだ。

そうでなければ、ガゼルによく見られる跳びはね行動《ストッティング》に失敗して壁にぶつかったのかもしれない。跳びはね行動とは、ガゼルが捕食動物から逃れる際に見られる反応で、このとき四足は同時に地面を離れ、ガゼルは高々と宙に跳びあがる。「自殺とも思える雄ガゼルの行動だが、これは、人間を捕食者だと思ったガゼルがそれに反応して跳びあがり、たまたま壁にぶつかったという不幸な出来事だったのかもしれない」とカーメルクは書いている。

みずから命を絶つクマと、みずから命を絶つガゼル——当然の疑問がいずれのケースにも伴う。クマの母親も雄のガゼルも、死にたいという強い思いに突き動かされたような様子で衝動的に行動している点だ。グーグルで「動物の自殺」をキーワードに検索すると、エピソード満載の例がたちまち現れるが、いずれのケースでも際だっているのがこうした性急な反応だ。

いささか奇妙な感覚だが、動物が自殺するという考えに人がひかれるのは、おそらくそれ自体が動物にも感情があることを知るひとつの手段であり、動物に親近感を抱くきっかけにもなっているからなのだろう。ただし、インターネットの「自殺」という分類だが、検索結果の大半は自殺とは関係がないものばかりだ。

ほんとうに意志をもった自殺なのか

動物の自殺をめぐる話といえば、古くから引き合いに出されるのがレミングの例だろう。ある種のタイプの人を語る決まり文句として使われ、名前はだれもが一度は耳にしている。「レミングでもあるまいし。ちゃんと自分の頭で考えなさい」と、あまり好ましくない流行にしたがおうとする相手には、そう言って大勢の尻馬に乗るのを注意する。

レミングが集団で行動するという発想は、齧歯類に属するこの小動物が大挙して絶壁から身を投じるイメージに由来している。どのレミングも、自分の先頭をいく仲間に続けと言わんばかりに崖を乗り越え、死の世界へと突き進んでいく。レミングをめぐるこの摩訶不思議なイメージだが、そもそもどのようにして始まったのかという説はふたつのポイントから成り立ち、いずれも集団自殺とはまったく関係しない。

ポイントのひとつ目は、この小動物が生来もつ行動と深くかかわっている。レミングには個体数が激しく変動するという傾向があり、その増減の程度がレミングの行動に大きな影響をおよぼしている。生息数の密度が急に跳ねあがると、レミングのなかにその土地を離れ、別の場所に移動を開始する個体が現れるのだ。そうすることによって食料をめぐる仲間同士の熾烈な争いを避けているのだと考えられている。無数のレミングが群れになって移動するのは事実にちがいないが、崖から身を投げるようなまねは決してしない。

そして、ポイントの第二の部分、つまりレミング神話の肝となる集団自殺のイメージは、ハリウッドが原因だとオーストラリアのテレビ番組『ABCサイエンス』は指摘する。一九五八年、ウォルト・ディズニー制作のドキュメンタリー映画『白い荒野』が公開された。この映画の撮影中、どうしてもレミングが必要となったが、ロケ先のカナダ西部のアルバータ州にレミングは生息していない。困り果てた関係者は、イヌイットの子どもからレミングを買い入れた。

『ABCサイエンス』によると、「レミングが集団で移動するシーンは、ターンテーブルを雪でおおい、そのうえにレミングを乗せて撮影が行われ、テーブルを回転させながらさまざまなアングルからその様子がフィルムにおさめられた。死のダイブの場面は川のほとりにある小さな崖を使い、ここにレミングの群れを移動して撮影した」。ありがたいことに、現在の映画界はこれほど手の込んだ方法で動物を酷使することはないだろうが、当時、このシーンは有名になり、映画を通じてレミング神話が形づくられていった。

動物の意志というものを論じる際、レミングがよく引き合いに出されるのは、集団自殺（じつは神話にすぎなかったのだが）がそれぞれの意志を伴わない群れ全体の行動に基づくと考えられているからだ。集団自殺は、レミングの一匹一匹が死を願い、その思いにしたがって行動しているのではない。むしろ、まったく逆に、群れの多くは集団のリーダーがなにをしようとしているのか、それを知る手がかりさえないまま、レミングというレミングがひとつになって滅びに向かって突き進んでいく。

それだけに、仲間に向けられた愛や悲しみと同じように、この場合も自殺をどう定義づければいいのかという問題が生じるのは避けられない。やはり「動物の自殺」という言葉は、動物が自分の命を意識的に絶つことを選んだケースにかぎって使われるべきだろう。母グマや雄のガゼルの場合、この定義があまり役に立ちそうにもないのは、いずれの場合もそこに意図的な選択がかかわっているのかどうか、それを知る方法がないからなのだ。

しかし、レミングのケースは除かれるにしても、おそらくこの定義は、動物の自殺だと考えられているほかのケースをふるいにかけるときには役に立つはずだ。

スコットランドのダンバートン近郊には、地元の人たちから、犬の〝自殺の名所〟と呼ばれている橋がある。過去半世紀近く、これまで六〇〇頭を超える犬がこのオーバートン橋から身を投げて落命した。メディアも、「玉砕」「カミカゼ」と刺激的な見出しを掲げ、あたかも犬が進んで飛び降りているような調子で橋のことをあおってきた。しかし、何百頭もの犬がわざわざここを（もちろんほかの場所でも同じだが）選んで自殺したと想像しても、にわかに信じられるような話ではない（レミング神話のような集団ではなく、単独での飛び込みなのだが）。いったいこの橋でなにが起きているのだろうか。

この橋をめぐる現象には、おそらく犬特有の知覚がなんらかのかたちでかかわっているはずだ。獲物となる小動物のにおいを感じた犬が、その痕跡を追っているうちに橋の高欄のうえにのぼっていたのかもしれない。写真を見ると、橋の左右の高欄の向こうが深い谷になっているのだが、ここを渡る犬にはそれが見えない設計になっている。つまり、犬の視界には橋の両側にある高欄の低い壁だけしか映っていない。

どうやらここから飛び降りた犬は、自分たちには不適当な設計の橋に出くわした不運と、犬特有の生理的限界の犠牲者だったようなのである。自殺だと認めるために必要な意志など、犬はわざわざ奮い立たせる必要もなかった。このスコットランドの例など、簡単にふるいにかけることができるケースだろう。

水槽で命を絶った〝フリッパー〟

しかし、意図して命を絶つような、それほどの感情的な痛みを感じ取れる動物など実在するのだろうか。海生哺乳動物の専門家でアニマル・トレーナーでもあったリチャード・オバリーは、目の前でイルカが自殺するのをたしかに見たと言って譲らない。イルカの名前はキャシー、一九六〇年代に放送され、当時、子どもだったわたしも大ファンだったテレビ番組『わんぱくフリッパー』で、フリッパー役を演じていたイルカのうちの一頭だ。

オバリーの話では、キャシーはオバリーから目をそらすことなく、そのまま水槽の底に沈んでいくと、二度と息つぎのために水面に上がろうとはしなかったという。二〇一〇年に受けたタイム誌の取材で、「動物を娯楽として扱う業界では、イルカが自殺できる動物だと知られるのを望んでいない」とオバリーは語り、「しかし、人間よりも大きな脳をもち、自意識をもつ生きものがいる。そんな動物にとって、生きることが耐えがたいものになれば、息を吸いにふたたび水面に浮かび上がるのをやめればいい。そう、キャシーは自分から死んだ」とコメントした。

タイム誌の特集は、オバリーが主演し、そして二〇〇九年度のアカデミー賞長編ドキュメンタリー映画賞を受賞した映画『ザ・コーヴ』について、オバリー本人が語った思い出話をまとめたものだ。監督はルイ・シホヨス、日本の和歌山県太地町で毎年行われる残酷な慣行、映画はその阻止活動を進めるオバリーの姿を追っている。この慣行がイルカ漁であり、町では例年半年の期間にわたって数千頭ものイルカが殺されている（わたし自身はまだこの映画を観ていない。いくつかのシーンで、時間をかけて死んでいくイルカを映したシーンが登場するからだ）。

イルカの肉をクジラといつわって売るビジネス〔訳注：水産庁ならびに太地町はこの事

実を否定。また映画の撮影方法、事実関係をめぐり、映画公開時に激しい論争が起きている」のために、この残酷な漁はほとんど人に知られることはなかったが、映画の大ヒットによってそれが明るみに出された。ただ、ほかの国の人と同じように、日本の多くの人たちもまた実情は知らなかったとオバリーは訴えている。映画の撮影地となった入り江は人里離れたところにあり、漁師もこの漁についてはそっとさせておこうと努めていた。

オバリーを動物保護活動に向かわせ、日本で行われているイルカ漁を世界に知らしめようという目的を抱かせたのが、イルカをめぐるオバリー本人の経歴だった。一九六〇年代、野生のイルカ五頭を捕獲し、『わんぱくフリッパー』の撮影のためにオバリーは調教をしていた。五頭がマイアミにある水族館に移され、数え切れないほどの時間をイルカとともにすごした。そして、番組の放送が開始されると、毎週金曜日、プールの縁にテレビを運んで、夜の七時三十分から始まる番組を人とイルカはいっしょになって見つめた。イルカには自意識があるとオバリーがはじめて気がついたのがこのときだ。キャシーを含む五頭は、小さなブラウン管に映った自分たちの姿を認めていた。

キャシーは水槽で自殺したという自説を裏づけるため、オバリーが指摘するのがイルカの呼吸方法である。人間にとって呼吸は、それと意識する必要もない、自律的に行われている一連の反応であり、人は眠っているあいだもごくごく自然に呼吸を続け、起きているあいだも自分は息をしていると意識することはない。意識にのぼるとすれば特別な状態にあるときで、激しい運動をしているときとか、あるいは感情的に激しく動揺している場合にかぎられる。

わたしはパソコンに向かってこの原稿を書いている最中だが、わたしが意識を集中しているのは、自分の考えを正確に伝えるために必要な正しい言葉の選択だ。そのあいだも呼吸のことは意識しないまま、わたしは息を吸い、吐き出している。しかし、〝意識して呼吸する者〟とでも言ったほうがいいイルカは、人間のような贅沢を楽しめず、ひと息ごとに意識して空気を吸い込まなくてはならない。体になんの異常も認められない健康なイルカが、進んで息を吸うのをやめてしまう場合、そのイルカはみずから命を絶つつもりなのだとオバリーは言う。

自殺行為と自傷行為

二〇〇八年夏、イギリスのコーンウォールの浜辺で二十六頭のイルカが死亡した。このとき、専門家のひとりが自殺説も否定できないと示唆している。イルカが打ち上がったのは、コーンウォールの南を流れる河口周辺の四か所に分散しており、座礁の第一報が届くと、ただちに救助隊がかけつけて対応にあたり、十〜十四頭のイルカについてはどうにか救出した（突然の緊急事態にとりまぎれ、十分な個体数調査はどうやら行われていないようだった）。

理由はだれにもわからなかったが、死んだイルカは大量の泥を飲み込み、肺と胃には泥だけが詰まっていた。際だっていたのは、胃のなかからは魚が一匹も見つからなかった点で、これによってイルカは魚を追って座礁したという説は退けられている。

英紙ガーディアンは、大量死を伝えた記事のなかで、ロンドン動物学協会にかわって死体を検分した獣医病理学者のヴィク・シンプソンのコメントを掲載した。「今回のイルカの座礁は、一見、ある種の集団自殺のようにも見えます。これまでにも海岸に乗り上げたイルカは見てきましたが、五〜七頭のケースが大半でした。今回のような規模での座礁はかつてなかったことです」。ということは、オバリーがさかんに口にした自殺の可能性は、あながち突拍子もない話ではなかったことになる。

けれど、イルカはどんな思いに駆られて陸へと突進したのだろう。エンターテインメント業界にとらわれていたキャシーとは違い、コーンウォールのケースでは、海原を自由に泳ぎまわることができた健康なイルカたちだった（健康であったことは検死で確認されている）。

イルカが乗り上げたころ、この海域で海軍がソナー訓練を行っていた事実がのちに明らかになる。英国国防省はただちに声明を発表して、訓練ははるかに離れた地点で実施され、音波探知はイルカに影響を与えるようなものではなかったと答えたが、真偽のほどは不明のままだ。ソナーはイルカに混乱をもたらし、パニックを引き起こしたのだろうか。イルカの自殺という仮説を考える場合、いずれにしろソナー説を無視することはできないように思えてくる。

ただ、イルカという動物が、ソナーが原因で方向感覚に致命的な混乱をきたすのなら、コーンウォールのイルカは自分たちから海岸をめざしていったのかもしれない。動物（もちろん人間も含めてだが）には、きわめて恐ろしい事態に直面すると、とてつもない狼狽状態におちいり、混乱したあまりみずから死にいたるような行動におよぶ場合があるのだ。それに要する時間的な反応はまちまちで、長い場合もあれば、短い場合もある。第7章で触れたチンパンジーのフリントの例が思い出されるが、母親の死を悲しんだフリントの場合、そのあとを追うようにしてまもなく死んだ。類人猿からウサギまで、心に深い傷を負った動物の数多くが周囲に対して心を閉ざしているのかもしれない。

キャシーやコーンウォールのイルカ、そしてフリントのような例を扱う場合、わたしたちは動物のメンタルヘルスをめぐる微妙な領域に足を踏み入れている。つまり、自分の体にダメージを加える行為とはいえ、すべてが死への衝動に根ざしているわけではないのだ。人間もこの点では例外とは言えないだろう。ふさぎこんだあまり、自分自身への関心が薄れ、食事や睡眠も満足にとれなくなることがよくあるが、こうした状態はやはり自殺願望とは別のものだ。

実際、あきらかな自傷行為と自殺とのあいだには関連性など皆無なのかもしれない。アメリカ精神医学会は、思春期の少女に多く見受けられるリストカットという不幸な現象について、これは自傷行為であり、自殺ではないと指摘する。専門家の多くもカミソリや刃物を使って自身の体を傷つけようとするのは、じつは自身の救済を強く望んでいる人（助けを求める信号としては機能しておらず、危険な方法でもあるが）であり、体をつらぬく痛みによって、心の奥底に抱えている苦痛を一時的にせよなだめているのだと考えている。

動物の苦しみを知ろうとしない人間

こうした行為はなにも人間にかぎっての話ではない。研究所に飼われ、繰り返し実験にさらされているチンパンジー、さらに飼育下にあるチンパンジー全般に見受けられる現象なのだ。ルーシー・バーケットとニコラス・ニュートン－フィッシャーは、アメリカとイギリスにある六か所の動物園を対象に、そこで飼われている四十頭のチンパンジーに関する合計一二〇〇時間におよぶデータを集めた。

データを検討すると、チンパンジーの行動はおおむね正常と言えたが、一方で、動物園の〝風土病〟とでも呼べる頻度で異常な行動が現れていた。自殺こそ報告されていないが、体をたえず揺り動かす、体に歯を立てる、体毛を抜く、糞食するといった行動だ。こうした行動のうち、発生率が低いもの、発生しても短期間だったケースもあった。

だが、調査した四十頭のチンパンジーすべてが、なんらかの異常行動を示していたのは特筆に値する。同様な調査がウガンダに生息する野生のチンパンジーを対象に行われ、計一〇二三時間分のデータが調べられたが、その結果、野生のチンパンジーでこうした行動を示す例はひとつとして認められなかった。

けれど、野生に生きるゾウでさえ心的外傷後ストレス障害、いわゆるPTSDを病んでいる現実を考えると、野生とはいえ、人間の脅威から逃れられない土地で生きるチンパンジーの群れの場合、こうした異常行動を示す可能性は無視できないように思えてくる。ゾウの場合、人間が引き起こした戦争や密猟が原因で、肉親との関係を幼いうちに断ち切られると、ゾウ本来の正常な行動は阻害され、精神活動にも衰えが生じる。

この件について、ガイ・ブラッドショーらは（チームにはアンボセリで長期にわたる調査に携わっている研究者もいる）、ゾウの虐殺が頻繁に起きている土地に生息し、PTSDを病む個体は、群れの仲間の死を悼む能力がやや劣っているという報告をネイチャー誌に寄せている。その点を踏まえて考えると、動物園のチンパンジーの場合、感情の源のすべては自分自身に向けられているのがわかってくる。つまり、チンパンジーの感情は、死んだ仲間や断ち切られた絆に対してではなく、肉体的にも、認知的にも、さらに情緒的な点においても極端なほど制限された自分の生活に関して占められているのだ。

抑うつ、自傷、自殺が絡みあうこうした複雑な事情のもとで、分かちがたく関連するふたつの教訓が浮かび上がってくる。ひとつは、動物に対して、わたしたち人間が問題の一部であると同時に、問題を解決するには欠かせない役割を担っているという教訓だ。動物に向けられた思いやりが、コーンウォールで座礁したイルカを救い、象牙の密猟に対する反対運動を高めた。

そして、こうした思いやりが、いまはとらわれの身にあるたくさんの動物が解放され――ここで紹介したゾウもチンパンジーもイルカもその一部だが――自然保護区は無理にしても、せめてサンクチュアリのもとでその生涯は送られるべきだという理解に導いてくれる。どれほど善意にあふれていても、動物園で飼育されているかぎり、動物に精神的な安定をもたらすことはできない。それだけに、動物を監禁するクマ農場は、人間が加える危害の点では突出しており、こんな場所が存在すること自体がそもそも許されるべきではないだろう。

教訓のもうひとつは動物の悲しみに関係している。動物の感情生活について、人間はなにも学ぼうとしない。広い視点で考えると、人間もまた動物に悲しみをもたらす存在なのだ。野生にあったものに手を加え、捕獲することで動物たちにある種の自己憐憫を抱かせ、時には仲間の動物の苦しむ姿に心を痛ませる情況に追い込んでいる。

母グマが壁を目がけて突進していった中国のクマ農場の事件では、たとえその理由がなんであろうと、死に追いやったのはやはり人間なのだ。動物の苦しみに対する鈍感さと人間の欲望がひとつになったふるまいこそが、母グマから命を奪ってしまったのである。

第12章　霊長類の嘆き

一九六八年十一月二十二日——この月の早々、共和党のリチャード・ニクソンは民主党のヒューバート・ハンフリーを大統領選挙で打ち破った。ベトナムでは、反アメリカの南ベトナム解放民族戦線への陸上補給路、ホーチミン・ルートを一掃しようと大規模な軍事作戦が展開され、その結果、隣国のラオスは繰り返し爆撃を受けつづけ、合計三〇〇万トンの爆弾が空からふりそそいだ。イェール大学が女子学生の入学を認めたのもこの年だった。そして、十一月二十二日、ビートルズはホワイト・アルバムをリリースした。

しかし、タンザニアのゴンベ・ストリームの森では、世間のそんなざわめきは耳を澄ましてもささやきほどにも聞こえず、あたりの空気は「ホー、ホー」とあえぐように鳴くチンパンジーのパントフートの声で震えていた。ここに生息する群れのチンパンジーは、気を高ぶらせているもの、静かにじっとしているものとさまざまだったが、フロー、フィフィ、白髭のデビッド、ゴライアスという名前は、群れの観察を続ける研究者たちのあいだですでになじみになりつつあった。

一九六八年、ジェーン・グドールが群れの観察を始めてすでに八年がたっていた。グドールといえばいまやナショナル・ジオグラフィック誌の押しも押されもせぬ大看板で、チンパンジーが道具を使って狩りをする動物だという発見は科学界を激震させていた。

一九六八年十一月二十二日の朝――ゴンベで観察を続けるゲザ・テレキとルース・デイビスは、チンパンジーの群れを追い、下生えが茂る森を進んでいた。ふたりとも研究熱心な学者であり、私生活では結婚の約束を交わした仲だった。しかし、ルースはこの年が終わらないうちに死を迎える。もちろん、そんな事態が待ちかまえていようとはふたりとも知るはずもない。

『森の隣人』のまえがきでグドールは追悼の一文を捧げているが、ルースは「長期間におよぶ困難な時間」をゴンベで送っていた。「一九六八年のある日、ルースは断崖から転落する。即死だった。六日後、ようやく遺体を見つけたが、事故は疲労が原因だったのかもしれない」。遺体はゴンベの地に埋葬された。「森の木々に囲まれたところに墓はある。ときおり鳴き声をこだまさせながら、チンパンジーがかたわらを通りすぎていく」。

皮肉といえばこれほど皮肉な話もないのだが、十一月二十二日のこの日の朝、ふたりが目をこらしていたのは、墜落死したチンパンジーに群れの仲間が直後に示した行動だった。五年後、テレキはその様子を論文にして発表した。ふたりが森の空き地にたどりついたとき、「チンパンジーは狂乱状態におちいり、金切り声、わめき声、咆哮や『ホー、ホー』と鋭く鳴く声など、さまざまな声でけたたましく鳴いていた」。

死亡したチンパンジーのリックスは、くぼ地を走る乾いた川床にピクリともしないまま横たわっていた。解剖の結果、頸椎の骨折だとのちに判明する。やはり即死だった。テレキとルースは、リックスが墜落する決定的な瞬間は見逃したが、事故はイチジクかシュロの木のうえで、食事か睡眠の最中に起きたのはまちがいなかった。

チンパンジーは仲間の死を理解しているのか

ふたりが観察していた午前八時三十八分から十二時十六分の出来事は、テレキの論文によって忠実に再現されている。あとで文字に起こすため、目前の観察記録はいったんテープレコーダーに吹き込まれていた。群れの十六頭のチンパンジーが死体を囲んでいたが、記録のなかでもとくに衝撃的なのは、死体に寄せられた群れの関心が占める時間の長さであり、その様子がどのように変化していくかである。

リックスの墜落死に群れは激しく興奮したが、そこに共通してうかがえる様子は皆無だった。第7章のコートジボワールのタイの森のチンパンジーの群れでは、リーダーのブルータスがその場をしきり、ティナの亡きがらに近寄れるもの、そうでないものをふるいわけた。だが、ここゴンベでは、リックスとの関係やチンパンジーの個性に応じて、死体に向けられた仲間の反応は違っていた。

群れを襲った唐突な死に、仲間のチンパンジーが示した反応は、めまぐるしく変化する情況にも現れていた。手足を広げて横たわる死体の間近で、群れのチンパンジーの突拍子もない行動が繰り広げられた。「攻撃的なもの、おとなしくじっとしているもの、様子をもう一度確認しようとするものと、さまざまに行動している」が、「どのチンパンジーにも、なんらかの反応が激しい調子でうかがわれ、しかもその様子は刻々変化していた」とテレキは書く。個々のチンパンジーが示した変化の一例を――その様子はつぎつぎに変わっていく――ヒューゴとゴディという二頭の雄を参考にして見てみよう。

ヒューゴは精力的だった。ある時点で死体に向けて大きな石を投げはじめるが、石がリックスの体に当たることはない。しばらくじっとして（体毛は逆立ち、興奮状態にあることを示している）、それから岩に腰をおろすが、その横に別の雄がきて座る。立ち上がったヒューゴは死体に近寄り、数分間じっと見つめた。ふたたび興奮した様子で走り去る。しばらくしてまた死体のそばに戻ってきて、今度は雌を相手に交尾を始める。時間がだいぶ経過して、ヒューという雄のチンパンジーがこの場所を離れはじめると仲間のチンパンジーもそのあとにしたがう。死体をもう一度見つめると、ヒューゴは仲間とともに去っていった。

若いゴディにうかがえた反応は仲間とはいくぶん違った。ヒューゴよりも執拗に声をあげ、「ホー、ホー」と甲高く鳴き続けている。死体のそばにいて、目をそらさずにリックスを見つめ、くんくんと鳴いたり、いろいろな鳴き声をもらしたりしている。テレキには、その様子が「ほかのチンパンジーに比べると、はるかに激しく動揺している」ように思えた。それから数時間、ゴディは死体のそばから離れようとしなかった。午前十一時四十五分、群れの仲間は現場から去ろうとしていたが、ゴディただ一頭はリックスの死体に目をこらしつづけた。

最初に見たかぎりでは、死んだリックスに向けられたヒューゴとゴディの反応の違いはごくわずかだった。興奮している兆候がいずれにもうかがえ、二頭とも死体に直接触れようとはしなかった。この点はほかのチンパンジーも同じで、テレキの観察中、群れがこの場を立ち去るまでのあいだ、死体に触れたチンパンジーは皆無だった。ゴンベの森の群れとタイの森の群れのチンパンジーの違いはこの点でも歴然としている。タイの群れでは、死んだティナの体に触れることが、群れの反応として重要な要素をなしていた。

そのかわりテレキは、ゴディがこの日の朝に見せた「例外的な行動」に注意を向けるように力説する。ゴディの行動は、次の三点で群れの仲間と違っていたのだ。死体への接近ぐあい、興奮の度合い、そしてホー、ホーと鳴くパントフートである。テレキはこの鳴き声についてこう記す。「甲高く、なんども繰り返される、もの悲しくも切ない悲鳴。鳴き声は漏斗状に切り立った崖に当たって反響を重ね、その鳴き声にこめられた強い思いははるか遠くまで運ばれていく。だが、それがなにを意味するのかきちんと言葉にすることはできない」。

ゴディも死体には直接触れなかったが、リックスを見舞った事態にゴディは動揺していた。じつを言うと二頭は、ふだんからよく連れだって歩き回る仲だったのである。ゴディにうかがえるこうした反応は、ある種の精神的な感染症にゴディ自身も巻き込まれ、気を高ぶらせたあまりの行動だとも言えるだろう。その感染症は、リックスの死体の周辺で、興奮した群れの仲間に現れたしぐさや鳴き声、交尾といった反応となって広がっていた。

パントフートは、見知らぬ人間や水牛と遭遇したとき、ほかの群れと出会ったとき、ヒヒやチンパンジーの死体を目にした場合などでも発せられるので、こんなふうに鳴いたからといって、ゴディの思いを知る手がかりにはならない。たしかに、ゴディや群れのチンパンジーがリックスの死の意味を理解しているかどうか、それを説明できる完璧な理論をわたしたちはもっていない。テレキも「生と死とがどう異なるか、群れのチンパンジーがその違いを理解しているかどうかは依然として不明のままだ」と書いている。

しかし、執拗な疑問がどうしても頭をかすめる。その疑問は、チンパンジーとその死について、これまで積み重ねてきた知識に基づいている。息絶えて力なく横たわる盟友の姿を目にしながら、残された群れの仲間は、なにも感じていないのだろうか。きわめて社会性の高い生きものからなる集団なのに、仲間の一頭が死んでも、群れはまったくなんの反応も示そうとはしないのか。チンパンジーの日常では、肉親や仲間への絆を示すしぐさは、いかなるときも変わらない背景となっている。チンパンジーを取り巻くこうした社会的な力学を抜きにしては、この動物が見せる行動の意味が理解できなくなってしまう。それは人間関係を抜きにしては、わたしたちひとりひとりの行動パターンを理解できないのと同じなのだ。

それにわたしたちは、コートジボワールのタイの森でティナが死んだとき、なにが起きたのかをすでに見てきた。ティナの弟のターザンが明らかになんらかの感情を抱き、その感情をちゃんと表すことができたのは、ブルータスという存在があったからだった。どのチンパンジーが死体に近づいていいのか、その場を仕切ったのがブルータスであり、死亡したティナにとってターザンは姉弟の関係にあるのをブルータスは理解していた。

動物園で観察された死への反応

野生のチンパンジーが仲間の死にどんな反応を示すのか、それを観察した記録は本当に珍しく、そこでこうした貴重な報告例に刺激され、研究者は飼育下にあるチンパンジーの臨終に格別な注意を向けるようになった。スコットランドのサファリパークでは、高齢の雌のチンパンジーが病気になり、もう死が避けられないと判断されたときにビデオカメラのスイッチが入れられた。

ここでは二組の母子のチンパンジーが飼育されていた。倒れたのはパンジーという雌で、年齢は五十代と推定された。その娘が二十歳になるロージー。もう一組の母子がブロッサムとチッピー。ブロッサムはパンジーとほぼ同年齢、チッピーはその子どもで三十歳になる雄だった。パンジーの呼吸に異常が現れたとき、四頭は暖房がきいた冬季用の飼育室にいたが、パンジーは数週間前から目に見えてだるそうにしていた。

三頭ともパンジーの様子が普通ではないことに気がついていたようだ。亡くなる十分前からパンジーの体を抱きしめ、毛づくろいをしていた。観察者の判断では、そのペースはいつもよりも早く、死亡したと思われる瞬間をはさんで三頭の動きは最高潮に達した。カレント・バイオロジーという専門誌には、ジェームズ・アンダーソンらによってこの一件がきわめて詳細に報告されている。

16時24分21秒：チッピーがパンジーの頭におおいかぶさる。どうやらその口を開けようとしているらしい。ロージーはパンジーの頭のほうに回る。
16時24分25秒：ブロッサム、チッピー、ロージーの三頭、同時にパンジーの頭部のほうに寄る。チッピーとロージー、パンジーのうえにかがみこむ。チッピー、ブロッサムの顔を引き寄せて、パンジーのほうに向ける。
16時24分26秒：ロージー、パンジーの頭部から胴体のほうに移動。ブロッサム、パンジーから離れる。チッピー、パンジーの左肩、左腕を持ち上げて揺さぶる。

三頭はパンジーの体を抱きしめ、毛づくろいを続けている。十六時三十六分五十六秒、チッピーが「跳び上がり、両手をおろして、パンジーの胴部をなんども殴打する。それから走り出し、飼育室の一段高い台《プラットフォーム》から降りていった」。
さきほどのヒューゴは、死んだリックスに向かって石を投げたが、チッピーが見せた急変はそれとは決定的に異なり、パンジーの体に直接触れている。タイの森のティナのケースでも、死体のそばで攻撃的にふるまい、わずかとはいえ遺体を引きずって動かした雄のチンパンジーがいた。ユリシーズという名の雄だ。ユリシーズがティナの遺体を二メートルほど動かしたとき、その体をもとの位置に戻したのがブルータスだった。

つまり、仲間の死に遭遇したとはいえ、チッピーが見せた行動は、野生の雄のチンパンジーとあまりかけ離れたものではなかった。怒りか動揺のせいだったのか、あるいはピクリとも動かないパンジーから、なんらかの反応を引き出そうとしたのか。アンダーソンらには、いずれの可能性も妥当なように見えた。

パンジーが死亡したその日の夜以降も、三頭の様子は落ち着きを欠いていた（こうした記録が野外の観察でなかなか得られないのは、野生のチンパンジーの場合、早々に死体のもとから立ち去ってしまうからである）。三頭とも途切れ途切れに眠るぐらいで、娘のロージーは母親のかたわらから離れようとはしなかった。ただし、息をひきとる前とは対照的に、パンジーの毛づくろいはだれもしようとせず、さらにチッピーは夜のあいだ、三度にわたってパンジーの遺体をたたいていた。

翌日、三頭は「見違えるほど落ち着いていた」。声を立てることもなく、飼育員がパンジーの体を運び出していくのを見つめている。それから五日間、パンジーが息をひきとったプラットフォームでだれも寝ようとはしない。パンジーが死ぬ以前、ここはみんなのお気に入りの場所だった。三頭ともじっとしたまま、食事の量も減っていた。こうした状態がそれから数週間にわたって続いたが、ふだんとは異なる憂鬱な雰囲気をたたえていた。そして、この雰囲気こそ動物が悲しみに沈んでいる徴候にほかならないのである。

仲間の死を突然悟ったゴリラ

こうした点について観察を行うのは、わたしたちの理解を深めるだけではなく、チンパンジーの生活を向上させるためでもある。飼育している場合でも、人間はどのような尊厳をもって接しなくてはならないかを知る必要があるのだ。死に対する霊長類の反応について、それに関するデータが蓄積されていくことは、飼育下にあるチンパンジーが仲間の死に遭遇した際、残された側の扱いに革命的な変化をもたらす。スコットランドのサファリパークのように、残されたチンパンジーには遺体といっしょにすごす時間が与えられてしかるべきだし、見送りに立ち会う機会も設けられて当然なのだ。

シカゴ郊外のブルックフィールド動物園で、バブズという名前の雌のゴリラが飼われていた。バブズは腎臓を病んでいたが、回復の見込みがなかったので安楽死によって生涯を終えた。三十歳になっていた。残されたバブズの仲間のために、動物園のスタッフは通夜《ウエイク》の機会を設けることにした。通夜には各世代にわたるゴリラが顔を見せていたが、そのなかにはバブズの死に動揺しているとひと目でわかる仲間もいた。AP通信はこの出来事をこんなふうに伝える。

最初に死体に近寄っていったのは、九歳になる娘のバナ、そのあとを四十三歳になるバブズの母親、アルファが続いた。バナは死体のそばに腰をおろすと母親の手をとり、腹部のあたりをそっとなではじめた。そして座ったまま、母親の腕に自分の頭をあずけていった。（略）立ち上がったバナは、今度は反対側にまわり、ふたたび母親の腕に自分の頭をあずけると、死体の腹部を静かになではじめた。

ここに書かれているのは残された子どもの悲哀だ。愛する母親の体が微動だにしない姿を目の当たりにした子どもの嘆きなのである。バナはこれまでの生涯を母親の近くですごしてきた。バナに必要なのは母との触れあいであり、それは文字どおり母親の体への接触を意味するのは明らかだ。わたしたち霊長類は、まさにスキンシップを求める生きものなのである。バブズと同じ房で暮らす仲間も死体のそばに集まってきた。九歳のコウラは自分の娘を連れていたが、この娘がまだ小さかったころ、バブズはいつも可愛がっていた。

三十六歳になるシルバーバックの雄ゴリラ、ラマーは死体のそばに近寄ろうとしなかった。雄のなかにはこんなふうに超然としたゴリラもいるが、もちろんそうではないものもいる。ボストンにあるフランクリン・パーク動物園で、べべという名前の雌ゴリラがやはり安楽死を迎えたときのことだ。べべの場合、悪性腫瘍が全身に転移し、その痛みから救うために安楽死が施された。現在、バッファロー動物園の所長で、当時、ここで調査員として働いていたダイアン・フェルナンデスは、このときベベの仲間がどのような反応を示したかを覚えている。

最初に遺骸と引き合わせたのは雄のボビーでした。ボビーはベベを生き返らせようと、体にそっと触れたり、声を張り上げたり、しまいには死んだベベの手に好物だったセロリを置きさえしました。しかし、相手が死んでいるのだと悟ると、ホーホーと静かに鳴き出し、それからうめくように鳴き叫んで、檻の格子を激しくたたきはじめたのです。どうしようもない悲しみを訴えているのは明らかで、見るにしのびない光景でした。

動物の認知や感情にかかわる用語の使い方に、フェルナンデスが語るボビーの話にはためらいがない。ベベが死んだ事実をボビーは認めたというが、ボビーの思考の経過がわたしたちには曖昧なままであり、肝心の主張を支えるボビーの一連の行動もまた明らかにされないままだ。たぶん、ベベの好物であるセロリを贈り物として差し出したのは、ベベは生きているとボビー自身が考えていたのか、そうであってほしいと願ったからなのだろう。あるいは、なんとかしてベベを元気づけたかったのか、それとも大好きだったセロリを気つけ薬にして生き返ってほしかったのかもしれない。そして、その目論見が功を奏しなかったとき、ボビーのなかで悲しみが炸裂する。

動物園では、しばらくのあいだボビーと遺骸だけにしたあと、引き続き三頭のゴリラを遺骸に引き合わせた。フェルナンデスの記憶では、いずれのゴリラも「まるで眠りについている人を起こすように」してべべの体に触れたという。ただ、ボビーのときとは異なり、鳴き声をあげることはなかった。たぶんこの三頭には、ボビーのような認知の飛躍（いまわたしが説明したような）は生じなかったのだろう。あるいは、三頭は三頭なりの流儀で悲しみを表していただけなのかもしれない。

フランクリン・パークの例を見ていると、今後の調査の目安になるかもしれない疑問点がいくつか思い浮かぶ。たとえば、「残された側は、死んだ仲間の蘇生を必ず試みるのか」「蘇生の試みがやむのは、ボビーの例からも明らかなように、認知の飛躍が起き、相手が死んでいるのだという事実が理解されたせいなのか」。あるいは、「残されたほうは蘇生を試みるかわりに、死んだ相手を探しつづけるのか」「同一の個体において、相手の死を悲しむ行動とそれでも相手を探そうとする行動は共存するのか」「死んだ相手との関係が異なれば、残された側の行動はどのような変化を示すか」などだ。

しかし、こうした疑問の多くが未回答のまま、それでも動物園のスタッフが、ゴリラは仲間の死を悼んでいると信じていてもわたしは驚いたりしない。わたし自身、ゴリラの群れを相手に、行動の観察や撮影、分析などでこれまで何百時間とすごしてきたのだ。ピッツバーグ動物園で働くローズアン・ジアンブローは、「心のなかでは、たしかにゴリラは悲しんでいるのだとそう考えています。なぜかって——本当にこの目で見たことがあるのですから」と口にする。

こうした心情はわたしにもよくわかるものだし、同時にこの思いが仮説検証をしようという基礎をなしている。動物園のスタッフは、単にゴリラの行動を記録するだけではなく、行動の特質も記録しようと思えばできるのだ。たとえば、悲しみに沈んでいるときのゴリラの筋肉のこわばり、失った仲間を求める姿にうかがえる不安、あるいはグループで共有されている鳴き声にこめられた興奮や悲しみの調子などだが、こうした特徴が現れていなければいないで、それも観察の対象になる。

しかし、動物園の仕事は過労を伴い、日々の仕事を責任をもってやりとげながら、仲間の死に向けられたゴリラの反応を時間ごとに逐一調べたり、その反応はどんな性質を帯びているのかを記録したりするのは、あまりにも大きな負担になりかねない。だが、ボビーに見られたような二段階にわたる反応を発見するためには、これがもっとも有効な方法なのだ。ボビーは死んだ仲間を生き返らせようと試み、次の段階でその死を知って嘆き悲しんだ。ゴリラやチンパンジーが息をひきとったとき、同じような反応がほかの動物園でも繰り返されているのかもしれない。

残された動物たちへの敬意

ジアンブローには、どうしても忘れられない二頭のゴリラの死がある。八年の歳月をへだてて起きた出来事だが、最初は一九九七年に死んだベッキーという名の雌ゴリラだった。死因は特定されなかったが、四十代半ばに達していたので、天寿をまっとうしたのだろう。ベッキーにはミンボという仲のよい雄のゴリラがいた。ベッキーの死後、ミンボは飼育室の一か所をじっと見つめ、その場所に近づくのをどうしても避けようとしていた。ベッキーはそこで息をひきとっていた。

こんなことが数週間にわたって続いたが、ミンボよりずっと若い雌ゴリラのテュファニは違った。不安定な状態になり、鋭い叫び声をあげながらあたりを走り回ってはベッキーの姿を探している。ミンボは年の功と経験から友人がこの世を去ったことを知ったように思えるが、おそらくボビーもこれと同じようにしてベベの死を悟ったのだろう。テュファニはこの点でもミンボとは対照的だ。そうした理解が欠けていたのは、まだ若かったこと、そしてテュファニにとってこれがはじめて目の当たりにした仲間の死だったからかもしれない。こうしたこと以外にも、二頭が示した反応の違いは、仲間の死に対する悲しみ方とは、残された側の個性に応じて変わるのだという事実をあらためて教えてくれる。

シルバーバックのミンボもまた四十代半ばで死んだ。肝臓の病気が原因で息をひきとったとき、十三歳の息子のミリヒは両手と足を使って死体を押し続けていた。ミンボとのあいだに三頭のゴリラをもうけたザクラも、まるで眠っているミンボを起こそうとするように体を押してから毛づくろいをしていた。仲間のゴリラは鳴き声をあげていたが、鳴き方はふだんとは違い、まるでミンボの死を悼んでいるかのようにジアンブローには聞こえたという。

飼育室のゴリラがようやく外に出ていったので、スタッフはそのあいだに遺骸を運び出した。戻ってきた仲間はミンボを探していた。それから一週間というもの、グループのゴリラの行動は、エサの食べ方を含めてひどく混乱した状態が続いた。しかし、ミリヒが後継のリーダーとして雌の支持を集めるようになると、その生活もだんだんと落ち着きを取り戻していく。

ミンボの死後、残されたグループのゴリラに、ある種の〝確認と救出〟状態から悲しみに沈む状態へという、はっきりそれとわかる変化が現れることはなかった。しかし、べべの死とボビーのとき、ベッキーの死とミンボのときには、おそらくこの変化は起きていたのではないかとわたしは考えている。ミンボの仲間は、息をひきとったあとのミンボの姿をその目で直接見ていたにもかかわらず、結局、徐々にではあるがその不在を受け入れていった。

まだまだ初期の段階だが、飼育されているチンパンジーやゴリラが仲間の死にどのような反応を示すのかという研究では、数多くの発見があると同時に、重大なメッセージも伝わってくる。病気や老化が原因で体力を落としながらゆっくりと死に向かう場合があれば、突然の最期を迎える場合もある。原因は心臓停止や手術中の予期しない事態、あるいは避けられない死を知った人間が、痛みから救うために死期を早める場合などだ。

ただ、どのような場合であっても、残された側には遺体とともにすごす機会が与えられてしかるべきだし、残された仲間が遺体に触れたがるようなら、そうさせてやるべきだろう。それによってどんな結果になるかは、死亡した側の個性や続柄の濃淡によって違ってくるが、そこには残された側の年齢や経験もまちがいなくかかわっている。しかし、結果がどうであれ、こうした機会を設けてやることは、それにふさわしいものに向けられた思いやりにほかならない。生前は相手との絆を深め、いまはその死を深く嘆いているのだ。

ゴンベの森でリックスが絶命し、群れの仲間が突然動きをやめた体に示した反応は、ゲザ・テレキとルース・デイビスのふたりが細大もらさず見守っていた。それからまもなくルースも崖から転落してこの世を去った。テレキ本人とは面識はないが、事故が起きた一九六八年当時、テレキが深い悲しみのさなかにあったころ、本人は、突然の死に直面した群れのチンパンジーに自分の姿を重ねていたにちがいあるまい。わたしがこんな疑問を抱いても、テレキには亡くなったフィアンセへの敬意であるとわかってもらえると思う。人間もまた霊長類として悲しみ、かけがえのない相手とともに生きている動物なのだから。

第13章 死亡記事と死の記憶

ワイオミング、アイダホ、モンタナの三つの州にまたがり、とてつもない規模で広がる自然保護地域、イエローストーン国立公園——ここはパラドックスに満ちた場所である。

園内には世界最大級の火山があり、爆発でできたカルデラを歩いていると、パワーのすさまじさに圧倒される。地質学者の話では、火山がふたたび爆発すると、吹き出した灰で地球の環境は激変し、生物のほとんどが絶滅する。実際、火山はいつ噴火してもおかしくはない。いまも鳴動は続き、ときおり溶岩を吐き出している。鳴りをひそめた力の激しさがあちこちでうかがえる。

イエローストーンは同時に、野生の生命にわきかえる場所だ。ここを訪れた人は、バイソン、クマ、ヘラジカ、コヨーテ、オオカミ、そして野鳥を通して、生き生きとした生態系に触れられる。春と夏、谷と高地は新しい生命の芽生えにあふれ、さまざまな哺乳動物の子どもがおぼつかない足どりで母親の乳を探して動き回っている。同じシーズンにバイソンとヘラジカの子を写真におさめられる可能性は高いが、次の瞬間、オオカミやコヨーテの餌食になっている可能性も同じように高い。ここは管理が行き届いた動物園でもなければ、飼い慣らされた動物だらけのテーマパークでもない。生と死がせめぎあっているところなのだ。

規模こそ小さいが、似たような生命のやりとりは住宅街の裏庭でも起きている。猫を飼う人に聞いてみるといい。「半分に食いちぎられた小鳥やモグラ、カエルを〝贈り物〟としてもらったことはありませんか」。一方、イエローストーンのほうは、面積は二二〇万エーカー（八九〇三平方キロ）にもおよび、あきれるほど多様な動物相に恵まれている。自然をこよなく愛する人にとって、これほど興味をかきたてる場所もまたとはないだろう。

だが、ここを訪れる人は警戒心で身構えている。それにはちゃんとした理由があり、火山はともかく、やはりここは人間にとっては危険に満ちた場所なのだ。リー・ホイットルセーの『イエローストーンに死す──世界最初の国立公園で起きた事故と事件』(*Death in Yellowstone:Accidents and Foolhardiness in the First National Park*)という本は、読みはじめたら止まらなくなるような年代記で、壮大な自然を背景にイエローストーンで落命した例が数多く紹介されている。園内にはサファイアブルー、サンシャインイエローなどの色鮮やかな温泉が点在しており、温泉のなかには高温でも繁殖する極限性微生物が生息している。警戒をおこたり、ついうっかり温泉に足を踏み入れようものなら、むごたらしく死ぬこともあるのだ。

一九八一年、カリフォルニアから二十数名の男がやってきて、公園のフォウンテン・ペイントポットを訪れた。そのうちのひとりが連れていた犬が遊歩道をはずれ、温泉に飛び込んでしまった。セレスタイン・プールと呼ばれる温泉で湯温は摂氏九十五度。だが、悲劇はこれだけで終わらずに、同様の悲劇がひとりの男性の身にも降りかかる。犬を助けるため、やめておけという周囲の声を無視して温泉に飛び込んでいった。

ほぼ沸騰状態の温泉、男性がふたたび姿を現したとき、その手に犬はいなかった。すでにこの時点で犬も男性も治療の施しようはなかった。犬は湯のなかで絶命、男性はよろめいて立ち上がったが、その目は真っ白になって光を失っていた。靴を脱がそうとすると、足の皮膚が靴もろともにむけた。あとになっての話だが、「温泉の近くで、森林警備隊が人の手のかたちによく似た大きな皮膚を見つけた」と本にはある。オールド・フェイスフルの診療所に運び込まれたが、時をおかずソルトレークシティーの病院に移送された。翌朝、男性はこの病院で息をひきとっている。

バイソンによる死亡事故

極限性微生物が公園に生息する最小の生きものなら、イエローストーン最大の生きものが、公園のシンボルになっているアメリカバイソンだ。ホイットルセーも書いているように、バイソンを古き良き時代のロマンティシズムのシンボルと見なして、危険を秘めた生きものだとあまり考えない人がいる。そのため「ここを訪れる人の多くがバイソンに近づいて、その体にさわろうとしたり、なんとか心を通いあわせてみたいものだと考えたりする。そうすることが自分に残る開拓者精神とどこかで結びついているとでも思っているようなのだ」。

あいにくなことにバイソンへの不用意な接近は、ツノに突かれる悲劇を招きがちだ。公園側は、看板を掲示したり、パンフレットを配ったりして来訪者に警告を与えているが、ロマンティシズムは時として常識というものを踏みにじってしまう。

イエローストーンではじめてバイソンによる死亡事故が起きたのは、一九七一年七月十二日だと記録されている。ワシントン州からきた三十歳の男性で、草原に横たわっている一頭の雄のバイソンを写真に撮ろうと六メートルまで近づいた。そのときだった。突然バイソンが突進してきて、男性をそのツノにかけ、ひと振りで三メートル以上も跳ね上げてしまう。ツノは男性の腹部を引き裂き、肝臓まで達していた。

惨劇は男性の妻や子どもの目の前で起きたが、家族の手には、野生動物への過剰な接近を警告する「危険」と赤い字で記されたパンフレットが握られていた。いまの時代、印刷物では十分な効果が見込めないのだろう。人を跳ね上げているバイソンのビデオ映像がユーチューブにアップされているので、これまでよりは警告の効果も高まっているかもしれない。

しかし、イエローストーンで危険にさらされているのは、向こう見ずな観光客ばかりではない。わたしがここを訪れた二〇一一年の夏、話はグリズリーでもちきりだった。十二か月のあいだに三人のハイカーが襲われて死亡したが、襲ったクマはイエローストーンをねぐらにしている。いわば、自分のリビングに相当するような場所に侵入した人間に反応したのであり、クマにしてみれば当たり前の行動なのだろう。

イエローストーンを訪れる楽しみは、ものの見方に変化を起こしてくれる点にあり、視点は人間を離れ、ほかの生きものへと向かう。そして、ここに生きる動物もまた仲間が死ねば嘆き悲しむのだろうか。ニューヨーク・タイムズに掲載されていた紀行文を読んで、時にはバイソンも温泉にはまって命を落とすことがあるのを知った。温泉の底にバイソンの骨がゆらいで見え、その様子からバイソンが突然の事故にみまわれたことがうかがえる。

熱湯のなかで死んでいく姿に、仲間のバイソンは顔をそむけて悲しんだのだろうか。それを知るすべなどないが、イエローストーンに生息する動物は仲間の死をどのように悲しんでいるのだろう。その点について、バイソンに向けられた質問がカギを握っているように思えてくる。

はじめてここを訪れた二〇〇七年、わたしはひと目でバイソンのとりこになった。何万年もの年月にわたり、人類にとってバイソンはきわめて貴重な動物として存在してきた。ヨーロッパでは、氷河期を通してその克明な姿が洞窟の壁に描かれ、自然界に向けられたわたしたちの祖先の知覚能力がどれだけ鋭敏なものであったかを伝えている。

しかも、絵は写実的に描かれていただけではなかった。フランスのショーヴェ洞窟に残る壁画はまさに衝撃的で、半身はバイソン、半身は女性という姿がおよそ三万年のむかしに生きた芸術家によって描かれている。狩猟と採集に明けくれた祖先は、動物を人間の知識を超越する存在とみなしながらも、人間の想像をかきたてる方法でその姿を象徴的にとらえていた。

遺骨を訪ねてきたバイソンの群れ

イエローストーンでバイソンを観察していると、ケニアにいたころを思い出す。アンボセリでわたしはヒヒのあとを徒歩で追い、摂食パターンに関するデータを集めていた。そんなとき、よく出会ったのがゾウ、ライオン、ヒョウ、ハイエナ、イボイノシシ、サイなどで、まれにアフリカ水牛と出くわすこともあったが、当時、近寄るのを避けるため、できるかぎりの手を打ったのが水牛との遭遇だった（もちろんライオンも）。

とどのつまりサバンナでは、わたしは無力な二足歩行の生きものにすぎず、山のような巨大な猛獣は、鋭いツノでわたしを突き殺すどころか、さらに激しい苦しみを加えることもできたのだ。イエローストーンなら車が使えるし、車から出るときは常識にしたがうようにしているが、それでもわたしは、アメリカに生息するこの猛牛から目を離せない。やはりバイソンは大平原の王なのだ。

バイソンウォッチングのいつものコースは、まず車でヘイデンかラマーバレーに向かい、車からバイソンの群れを見学し、それから路肩に車をとめて観察を始める。雄は毛むくじゃらで鼻息も荒く、体もがっしりとしている。雌と子どもの足どりは雄よりも軽い。乳を求める子どもと乳離れさせようとする母親が、哺乳類にしか見られない特有のこの行動を、ダンスのようになんどもなんども繰り返している。

乳離れをして、ひとり立ちさせなければならない時期をすぎても、子どもは母親の乳をほしがりつづける。目には見えない絆でしっかりと結ばれた母子を見ていると、わたしはヒヒの母親と子どもを思い出す。はしゃぎ回って母親のもとから離れていく子ザル、それと知らずにわれを忘れて夢中になって飛び跳ねている。だが、次の瞬間、自分がどこにいるかに気がつき、いちもくさんに母親のもとへと帰っていく。

イエローストーンでバイソンの群れを目の当たりにすると身ぶるいがする。十九世紀後半、すさまじい規模で行われた虐殺の犠牲になり、生き延びたバイソンはわずか二十五頭だった。これはアメリカ国内の総数であり、そのすべてがここイエローストーンにいた。二〇〇五年、イエローストーン・バッファロー保護法案が議会で審議された。結局、この法案は通過しなかったが、草案にはこう記されていた。今日、生き残ったバイソンの子孫が「イエローストーンで群れを形成し、飼育下に置かれることなく自由に動き回っている。アメリカ国内において途切れることなく野生状態にある唯一のバイソンなのだ」。

これに比べ、牧場で飼育されているバイソンの場合、その遺伝子は長期にわたって家畜化された牛の遺伝子との交雑が続いた。この点でもイエローストーンのバイソンは独特で、その遺伝子は交雑を受けることもなく、野生種本来の状態にある。

人の手によって、おびただしい数のバイソンが無惨をきわめた手口で殺されたが、こうしたバイソンは、自然死で命を失った仲間に対し、感情を伴う反応を示すことはあるのだろうか。ここでいう〝自然〟とは、老衰や病死、あるいは捕食動物による攻撃、温泉にはまるなど不慮の事故という意味だ。この問いについて、第8章でカラスの話で登場した生物学者、ジョン・マーズラフの研究はなんらかのヒントを与えてくれそうだ。

学生といっしょにイエローストーンを訪れたマーズラフは、最近、オオカミに襲われて死んだバイソンを調査するために現場へと向かった。死亡からすでに二週間が経過していたので、雌のバイソンの死体は、カラスやコヨーテなどさまざまな動物に食べられてすでに骨だけになっていた。骨のそばに岩があり、「何万年もの時間をかけ、膨張と収縮を繰り返してきた岩はふたつに割れていた」。

一行が現場にいると、バイソンの群れが地響きを立てながら、まっすぐに向かってくる。マーズラフらは幸いにも常識をわきまえていたので、すぐにその場所を離れ、群れから距離を置いて観察を続行した。バイソンたちはそれから一時間近く現場にいた。「かつての仲間の骨を前にして、三十六頭のバイソンは一頭ずつ歩みよってそのにおいをかいだ。さらに残された体の一部、溶けて汚れた雪や泥に鼻を押しつけていた」。

立ちさりぎわ、バイソンはふたつに割れた岩のあいだを歩んでいき、やがて一行の視界から消えていった。「群れのバイソンは、過去の出来事をまだ意識にとどめていた」とマーズラフは書いているが、この話で思い起こされるのは、肉親の骨をなでていたゾウの例だろう。こうした事実にうかがえる動物の思いの深さを前にすると、一行が目撃した出来事をマーズラフが「おかしがたい神聖」と形容していたことにも素直にうなずける。

遺骨を見つめ続ける動物たち

ここで、これまでなんども出てきたあの言葉がまた登場する。けれど事実だからしかたがない――バイソンは仲間の死を悲しむのかどうか、これに関する研究はほとんど手つかずのままなのだ。テレビドキュメンタリー、ネイチャーシリーズの『放射能を浴びたオオカミ』(*Radioactive Wolves*)は、一九八六年に起きたチェルノブイリ原発事故後、この地に生息する野生動物の繁栄ぶりを追ったものだが、そのなかでオオカミの群れがヨーロッパバイソンの子どもの死体に群がるシーンが出てくる。

襲ったのはオオカミではない。バイソンの子どもはすでに息絶えて横たわっていた。ハンターであると同時に死肉も食べるのがオオカミなので、さっそくその小さな体を引き裂きにかかったそのときだ。バイソンの群れがふたたび現れ、寄ってきたオオカミを追い払ってしまう。わたしの注意をかき立てたのは、番組のナレーターが、バイソンは子どもの死を「悲しんでいた」が、それはバイソンにとって「珍しいことではない」と口にしたときだった。

ナレーションにうかがえるこの考えは、どんな科学的根拠に拠っているのだろう。バイソン研究に関する古典にデール・F・ロットの『アメリカバイソン』(*American*

Bison）という一冊があるが、この本の索引にも「死」「悲嘆」「哀悼」という言葉はうかがえない。野生の状態で動物の感情領域にかかわる研究を行うのはきわめてタフな仕事だ。しかも、動物を人間になぞらえることに対して、いわれのない不安がいまも研究者につきまとい、なかには必要なデータを収集することにさえ及び腰になる研究者がいる。

けれど、ロットが『アメリカバイソン』の最初の一節でなにを呼びかけているのか見てほしい。「一にも、二にも群れの関係性」とある。バイソンは群れて生きる動物で、その群れの社会的情況は、仲間同士を強い絆で結びつけ、仲間の死にいたみを感じられるほど成熟している。この本の山場である繁殖シーズンのくだりでは、ロットはこんなふうに書いている。

「群れのなかにあっては、相手の呼びかけに応じて答えるもの、拒むものがいて、自分の望みを果たすために、争いと連携という関係が繰り広げられている。そして、雄と雌のあいだでは、命そのものに突き動かされた関係が結ばれている。だが、その関係は概してつかの間のものであり、うつろいやすい」。つかの間の関係。そう、ここで語られているのは一夫一婦制のようなこの先も永遠に続く関係ではない。しかし、そうであっても雌と雄の絆は存在するし、もちろん母親と子どものあいだにも絆は強く結ばれている。

以前受けたインタビューで、動物が抱いている悲しみの感情を研究するために、もし、好きなだけ資金が使えるとしたらなにをしたいかという質問を受けたことがある。ひと言で答えろという。わたしは「そのお金に加え、たっぷりの忍耐を抱えてイエローストーンに行きたい」と答えた。

バイソンもそうだが、群れで生きる動物が、きのう今日観察を始めた人間の前で死ぬようなことはまず起こりえない。死ぬまさにその瞬間、あるいは死んだ直後でもいい。息をひきとる現場にいあわせるには、忍耐と同時に運にも恵まれなくてはならない。もっとも、すでに見てきたように、バイソンが感じている悲しみについては、十分な手がかりが用意されている。

ヘラジカが示す行動も興味をかきたてずにはおかない。生物学者のジョエル・バーガーは、動物の行動様式を調べるため、イエローストーンからロシア極東部やモンゴルと、過酷な自然条件ということでは、世界でもっとも厳しい環境のもとで研究を続けている。イエローストーンでもヘラジカの研究に熱心に取り組んでいた。「わが子のことならなんでも親が知っているように、わたしもヘラジカ一頭一頭について知りたい」と、バーガーはその著書『おまえをがぶりと食べられるように—動物界の恐怖』(*The Better to Eat You With:Fear in the Animal World*) のなかで書いている。

バーガーがヘラジカの孤児の首に発信器をつけようとしたとき、ヘラジカは脅えて一目散に逃げだし、そのまま一キロ近く走るとぴたりと足をとめた。ヘラジカの母親が死んだ場所がまさにここだった。別のヘラジカは、同じ場所になんどもなんども戻ってくる。そこはヘラジカの子どもが車にはねられて死んだ場所だ。「見失った自分の子どもを母親が探しているのはまちがいなかった」とバーガーは書いている。

バーガーやバーガーと考えを同じくする研究者が、自然死したヘラジカの死体を意図的に放置したとしよう。徐々に白骨化していく遺体を前にして、ほかのヘラジカはどんな反応を示すのだろう。あるいは、ある期間にわたって観察しつづけたとしたら、いったいなにが起こるのだろう。マーズラフが目撃したバイソンの群れや、第5章のゾウと同じように、わざわざ遠回りをしてここを訪れ、失った仲間の骨の様子を見に訪れるのだろうか。

バイソンやヘラジカ、あるいはほかの動物でもいい。自分と同類の骨を前に、彼らはどんな思いを感じながら骨に目をこらしているのだろう。ただ無関心に見つめ続けるのか、それともなんらかの思いを胸に抱きながら見続けるのか。そして、わたしたち人間には、その違いを知ることはできるのだろうか。経験豊かな観察者であれば、群れの仲間の死に向けられたバイソンの情緒的な反応について、なにか手がかりとなるものを得られるのだろうか。

死亡記事に託されているもの

動物が地面に置かれた骨に目をこらすのは、人間が新聞の死亡記事を読むようなものではないのだろうか。たとえがとんでもなさすぎて、わたしにも確信はない。ただ、そつなく書かれた死亡記事の場合、人の一生はイメージ豊かな数行の言葉にきれいに凝縮されている。動物の場合、言葉は用いないが残された骨は同じ要領で、死んだ動物の一生を物語っているのかもしれない。

死亡記事に書かれた人生の凝縮は、読む者に悲しみをもたらしもすれば、ただ単調だという印象しか与えない場合がある。八十年の一生が、わずか八行の文字に圧縮することなど本当にできるのかという疑問もあるが、日本の俳句のように短い一節から、生命力が横溢していると感じる場合もある。ニューヨーク・タイムズの訃報欄を定期的に読んでいるうちに、わたしはそんな事実に気がついた。ここの新聞の死亡記事は著名人ばかりを扱うので、わたしのこんな趣味は鼻持ちならないと思われるかもしれないが、記事を読まなければ決して出会うことがなかった興味深い人生だ。

マーサ・メイソンという女性は七十一歳で亡くなった。そのときメイソンが鉄製の人工肺装置、つまり「鉄の肺」のなかですごすようになってから六十年の歳月がたっていた。子どものころポリオを患い、メイソンは体に麻痺を残した。記事によると、ある時期からメイソンの生きる場所は「長さ約二メートル、重さ三六〇キロの円筒のなかで横たわる水平の世界」になってしまう。掲載されている写真を見ると、装置の片端から白髪で眼鏡をかけたメイソンの頭部が突き出ている。装置には船の舷窓のような窓が並んでいて、そのかたちは深海探査船によく似ている。

人工肺に包まれてはいたが、メイソンは大学を卒業し、パーティーではホストを務め、会社にも勤めた。晩年には『息づく――人工肺の鼓動が聞こえる人生』（*Breath:Life in the Rhythm of an Iron Lung*）という回想録をパソコンの音声入力を使って書き上げている。

ささいなトラブルに遭遇して、我慢もそろそろ限界に達しそうになると、わたしはメイソンを思い浮かべることがある。ささいな問題程度ではとうてい済むはずもない現実に直面して、メイソンはただ耐える以上のことをやりとげた。人生に対して、勇気と熱い思いを抱いて生きたのがこの人の生涯だった。訃報欄を目にしていると、こんな感じで元気づけられるときがある。

動物を愛した人の一生に、わたしがとりわけ心がひかれると言っても驚かれはしないだろう。アーティストのスティーブン・ヒューネックは、ドッグチャペルをバーモント州に建てた。ここなら犬と人間がいっしょになって安らぎのひとときが得られもしよう。礼拝堂の窓にはステンドグラスと犬のイラスト、壁は一面に手書きのメモでおおわれ、メモには可愛がっていたペットを亡くした飼い主の悲しい思いがつづられている。屋根の尖塔の先に飾られているのは、羽をもつラブラドール。わたしとしては、ヒューネックの魂がこの教会で安らぎを見出しているのをただ願うばかりだ。従業員の多くをやむをえず解雇しなくてはならない情況に追い込まれ、絶望したヒューネックは六十一歳でみずからの命を絶った。

二〇一三年、ローレンス・アンソニーも六十一歳のとき心臓麻痺で亡くなった。二〇〇三年、アメリカ軍によるイラク侵攻が始まってしばらくしたころ、バグダッド動物園で飢えに苦しむ三十五頭の動物を救ったのがアンソニーだ。開戦直後、ここには六百五十頭の動物がいたが、救い出せたのはこれだけだった。アンソニーはバグダッド動物園の復旧にも努めた。その業績についてはいささか耳にしていたが、記事に書かれていたのは名声に彩られた通り一遍の輪郭にすぎなかった。

アフリカの動物保護活動にも献身し、ディープ・パープルやレッド・ツェッペリンのロックを聞きまくりながら、ランドローバーで全米中を縦横無尽にかけずり回っていた。とくにゾウがお気に入りで、深い関心を寄せていた。そのせいか、死亡記事はこんな謎めいた一句で結ばれている。「ゾウもまた本人より命を永らえた。息子ディランは記者にこう語った。ゾウの群れは夜ごと保護区のすみにある家を訪れた」。

鏡を張りめぐらした部屋のように、死亡記事は、いまは亡き人の姿を映すばかりか、時と空間を超えて、なんどもこだましあう故人の人生そのものを映し出す。死亡記事のなかにわたしたちは命を終えた者、そして残された者の名前を読み取るが、それは過去と未来を結ぶ途切れることのない命の連続だ。レイ・ブラッドベリの『たんぽぽのお酒』は、イリノイ州の小さな町に住む、ひとりの少年の一九二八年の夏を描いた小説だが、この本にも死とともにある命というテーマが扱われている。

暑苦しい夏のある夜、十二歳になるダグラス・スポールディングが、死は避けられないものだと突然理解したのは、ビンのふたを開け、なかのホタルをつかの間の自由へと解き放ったときだった。「ホタルが飛んでいくのをダグラスは見守った。死の世界の歴史のなかで、最後のたそがれが破片となり、青白い明かりをともすようにホタルは消えていった。わずかに残っていた希望のぬくもりが、ダグラスの手から消えるようにしてホタルは去っていった」。

臨終の床にあるダグラスの祖母は、ある教えを孫に告げようとするが、それはいまを生きるわたしたちの心にも響いてくる。祖母が横たわる自宅のベッドのはしにダグラスは腰をおろしていた。涙がとまらない。自分を残したまま祖母が永遠に去ろうとしている。祖母はダグラスに向かってこうさとす。

大切なのは、いまここに横になっているわたしじゃない。そうじゃなくて、ベッドに腰をかけてこちらを見つめているわたし、階下のキッチンで夕食の用意をしているわたし、ガレージに置かれた車のなかで座っているわたし、図書館で本に向かっているわたし、大切なのはそれ。みんなのなかに新しいわたしが生きている、それが大切なのよ。これからもずっとわたしはみんなといっしょ。家族がいるなら、人は決して死なない。いまから一〇〇〇年後、わたしの命を継いでいる町中の人たちが、ゴムの木の林の木陰で青いリンゴにかじりついているわ。

「家族がいるなら、人は決して死なない」。心をとらえるひと言だ。この言葉は、死亡記事を残して亡くなった人間と同じように、記事など残さずに死んだ動物にもふさわしい。動物を追悼するため、人は集い、象徴的な儀式を執りおこなう。第10章のベルリン動物園のホッキョクグマ、クヌートのように、国をあげて追悼式が行われる場合があれば、猫のティンキーのように飼い主と友人が集まって、ささやかな会が催された場合もある。わたしたちは、こうやってかけがえのない動物の思い出を心にとどめ、同じ世代の者、次の世代の者へとつないでいく。

訃報欄に載ったチンパンジー

もっとも、時には訃報欄に書かれ、その死を人びとの記憶に残す動物がいる。一度だけだが、わたしはチンパンジーの死亡記事を書いたことがある。二〇〇七年、四十二歳の雌のチンパンジー、ワショーが死んだとき、月刊の会報誌に掲載する記事を書いてほしいという依頼がアメリカ人類学会（AAA）から寄せられた。アメリカ・サインランゲージ（ASL・アメリカ手話）のしぐさや表現法の学習にワショーは画期的な成果を残しただけに、その意義についてあらためて会員に知ってもらう必要があると学会は判断したのだ。いささか前例のない依頼という印象は受けたが、ワショーに向けられた学会の評価ももっともなので、わたしは執筆を引き受けた。

ワショーは西アフリカで捕獲され、小さなころにアメリカに連れてこられた。心理学者のもとで生活を送ることになるが、最初にベアトリックスとアレンのガードナー夫妻、その後はロジャー・ファウツとともにすごすようになる。多くの学術機関にかかわり、わたしもオクラホマ大学の学院生だったころ、ここでワショーに出会った。

ワショーがくつがえしたのは、言葉で意思のやりとりができるものとそうでないものに関して、種の違いにとらわれていた人間の勝手な思い込みだった。人間の文化にどっぷりつかって成長し、ワショーは改良を加えられたアメリカ手話を学んだ。創造的な表現力に恵まれ、たとえば「冷蔵庫」を表すのに「アケル・タベモノ・ノミモノ」という表現を考えつくことができたし、また養子のルーリスに手をとってサインを教え、やがてルーリスも手話を覚えていく。ワショーの能力は、自分の好物を伝える程度をはるかにうわまわるレベルで周囲の人間と意思を交わし、一番の親友であるファウツが腕の骨を折ったときは、「シンパイ」と手話で語った。

ワショーの記事が載った二〇〇八年一月の「アンソロポロジー・ニュース」は、「境界維持」の研究に関する特集だった。「通過儀礼」と名づけられたコーナーが会員の訃報欄で、この号では、五十七歳から九十四歳までにわたる、いずれも立派な業績を残した五名の研究者の名前が載っていた。そして、めくった次のページが会員の授賞を伝える「栄誉欄《キュドーズ》」で、わたしが書いた記事は、このページの上段の「余録」に〝ワショー、四十二歳〟という見出しで掲載された。

こうやって、人間以外の動物が栄えある人類学の栄誉に浴したわけだが、それと同時に、ページレイアウトや言葉づかいに注意することで、ワショーの扱いには一線が引かれていた。こうした編集上の気づかいはわたしにもよく理解できた。自分が亡くなった研究者の家族だったらどんな思いを抱くだろう。故人の業績と顔写真のまさにその横にワショーの顔写真が置かれていたら、素直に歓迎などできるものではない。ワショーの顔は、やはり狭くてがっちりとしたまぎれもない類人猿の顔なのである（もちろん、こんな見方もごく一部のものかもしれないが）。

紙面の都合上、訃報記事では残された息子のルーリスのことは触れられなかった。ルーリスも有名なチンパンジーだ。そのかわりワショーが残したものについては、『たんぽぽのお酒』でダグラスに祖母が語った過去と未来をつなぐ命の連続という話を踏まえ、別のかたちで次のように記した。

人間の一生と同じように、ワショーの生涯を学術論争や書かれた論文によって要約などできるものではない。ワショーをワショーたらしめたのは、本人がもつ個性にほかならなかった（それに靴とそのカタログに向けられたなみなみならない興味も含め）。追悼記事に載ったオーストラリア、ベルギー、イタリア、メキシコなど各国のメッセージからうかがえるのは、ワショーが世界中の人間に与えた衝撃の大きさだ。そして、寄せられた賛辞を読むと、ワショーが残した不滅の遺産は、本人が覚えた手話のサインの数でも、あるいはこうしたサインが言語に匹敵するといった評価に由来するものでもないことに気がつく。ワショーの遺産はそういうものではなく、人間とサルとの境界線はどこに引けるものなのか、それをちゃんと考えることをわたしたち人間に迫った点にあり、じつは、類人猿にも人格はあるのかというまさにその問題にかかわっている。

なにをもって人間とするか、ワショーのように世間の注目を浴びながら暮らした動物だから、わたしたちのそんな考えに揺さぶりをかけるのかもしれないが、それは類人猿やイルカを表すのに〝人格〟という言葉はふさわしいのかということでもない。

第7章のフローも、知名度という点では史上もっとも有名な野生のチンパンジーにちがいなく、やはりワショーと同じような影響力を帯びていた。自分の赤ん坊や年若い息子のフリントに向けられた母親としての能力やかぎりない忍耐、それを伝えるグドールのタンザニア発のレポートに多くの人たちのイメージはかき立てられた。一九七二年にフローが死んだとき、ロンドンの日刊紙、タイムズは死亡記事を掲載した。

遺骨にこめられたメッセージ

同じ動物でもそれが世間で名のある有名な存在なら、新聞が訃報欄でその死が掲載されても反対する人はたぶんいない。だが、これが普通のペットや生活をともにする動物の場合だと様子はがらりと変わってくる。人類学者のジェーン・デズモンドは、こうした死亡記事には人と動物の境界をおかし、人と動物に健全な一線を画していた人たちの神経をさかなでする力があると書く。

数年前のことだが、デズモンドが当時住んでいた町で、地元紙のアイオワシティ・プレス・シチズンにベアという名前の黒いレトリバーの死亡記事が載った。この新聞ではじめて掲載された動物の訃報だった。生きていたころのベアは、通りでたびたび散歩や昼寝をして、住民の多くによく知られた犬だったというが、それでもこの短い訃報は、地元に「激しい論争をもたらした」とデズモンドは記している。とりわけ腹を立てていたのは、スー・デイトンという女性で、義理の姉の記事がベアと同じページに掲載されていた。「不愉快だ」「死者に対する冒とくだ」という非難の声が町中にわきおこり、ベアの訃報を掲載したことに対して投げかけられた。

　ペットの死を悼むという習慣とはうって変わり、印刷された死亡記事の場合、どうしてここまで否定的な思いをかき立ててしまうのだろう。デズモンドはそれを考えた。愛したペットの死を悼むものであるなら、墓碑や記念品、あるいは思い出をつづったブログでもいい。こうしたものなら、同じような心情を抱える相手とも、人は素直な気持ちで愛したペットの思い出を分かちあうことができるだろう。

　しかし、これに比べると、死亡記事とは公的に記録された、きわめて人目につく事件なのだ。「遠ざけておくべき話題なのだが、毎朝、テーブルのうえに新聞は舞い降り、ベーコンや玉子が並ぶかたわらで新聞のページはめくられる。そこに書かれた内容は家という家に侵入してくる」。ペットは家族の一員、だったら家族としてとむらうのは当然という考えで記事は書かれているので、人によっては激しく動揺しかねないし、こうしたかたちで〝家族〟をめぐる定義と真っ向から衝突する。

「母親を亡くして悲しみにくれている息子が母の訃報を探していると、母の写真の隣にハムスターの写真が置かれていた」。コラムニストのベディ・カニベルティは、セントルイス・ポスト・ディスパッチ紙で、ペットの死亡記事を載せる習慣をこんな想像を交えて嘆いていた。デズモンドが言うとおり、ハムスターの話はペットの死亡記事を皮肉るために選ばれたのだとわたしも思う。

ペットの死亡記事を好ましいと思う人がいる一方で、居心地の悪さを感じている人もいる。わたし自身はどちらかと言えば、こうした記事については嫌いではない。人間と動物のあいだにあるとされる境界について、それを踏み越えているのは死亡記事ではなく、じつは動物自身のほうなのだ。このことは、動物が道具を使ったり、協力して問題解決をはかったりするという認知能力がそうであるように、動物が仲間の死を嘆くという行動にもあてはまる。

こうした事実をわたしたちは、肉親と死別したヒヒが喪失のあまり生理的な反応を示していたこと、失った妹の姿を探して鳴き続ける猫の姿から知った。あるいは、仲間を埋葬した塚を囲む群れの馬たち、仲間が遺骨のもとを訪れるためにわざわざ迂回してきたバイソンの群れ、鼻を使ってなんどもなんども愛する肉親の骨に触れつづけていたゾウの姿から知った。デズモンドが、「人間の訃報がそうであるように、ペットの死亡記事もまた、その生涯に意味を見出し、生の絶頂を見定め、社会的にすぐれた功績をほめたたえつつ、ある生き方の見本を示している」と書くとき、やはりその言葉はまちがってはいない。

動物たちが仲間の生涯に価値を見出す――もちろん、その訃報は当の動物たちの言葉で書かれ、ほかの動物にわかる言葉ではない。しかし、その言葉こそ、仲間の死を悼むときに動物が行っていることを正確にとらえたものではないのだろうか。いまはただ嘆くしかない姿になったが、かつては命ある存在であった仲間の価値の重みを、残された動物たちはこうして推しはかっているのだ。

第14章　文字につづられた悲しみ

レイの死に始まる永遠に閉ざされた冬の季節――ニュージャージーの空はぞんざいに磨かれた壺のように、午後遅くなると、くすんだ地平からぼんやりと黄昏が浮かび上がる。けれど、本当にゆっくりとだが、季節は春へと変わろうとしている。わたしはそれに驚いていた。

夫を失った女は、なにひとつ変わってほしくない。ひとりぼっちの女は、世界とそして時間が終わったものになってほしい。

ひとりで生きるのはもう終わり――夫を亡くした女にはそれがはっきりわかった。

――ジョイス・キャロル・オーツ『ある未亡人の物語』

［妻のオーラが死んでから数週間したころ］わたしは、自分の背骨と胸の骨のあいだに長方形の固い空洞がつかえているのを感じていた。空洞にはどんよりとした生温かい空気が満ちている。周囲をスレートか鉛の板で囲まれた空っぽの矩形、わた

しはそんな様子を心に描いた。なかに抱えているのは淀んだ空気。その空気は廃墟のビルのエレベーターシャフトにこもる、動きをなくした空気に似ていた。空洞の正体がわたしにはわかっていた。わたしは自分に言い聞かせていた。「こんな思いをずっと抱えている者たち、それはみずからの命を絶っていく者たちなのだ」。

——フランシスコ・ゴールドマン『その名を告げよ』

ここ数年、死者への哀悼をつづった回想録がつぎつぎに刊行され、輝くばかりの脚光を浴びている。ただ、これらの本は、時代を横断し、あるいは異なる文化のもとで、人々が死に対してどのような反応を示していたのか、それを三人称で記述した大部な学術書といったたぐいのものではない。感情を押し殺した散文で記され、脚注もそつなく整えられたような本なら、人類学者や心理学者、あるいは社会学や歴史を専門にしている学者の書棚に見つけることができるだろう。

わたしがここで話すのは、この手の分野のものとはまったく異なる本だ。それは人の存在を根底から揺るがすような、愛する者を失った思いを包みかくさずに記した回想録であり、こうした本がわたしたちの心に痛みをもって響くのは、人生のある時点を迎えれば、わたしたちもまた心から恐れるかたちで、同じテーマで苦しみ抜く主人公になることに気づいているからである（ものを書く人間として、わたしは文字に表れた悲しみをとくに選んで紹介したい。心理学者のジョン・アーチャーは著書『悲しみの本質』〈*The Nature of Grief*〉の第3章で、文字に表された悲しみのほか、映像や視覚芸術、音楽にうかがえる悲嘆についても触れている）。

人生で悲しみに打ちのめされたとき、日々の生活の背景にたえず聞こえていた物音は死に絶える。「悲しみにはへだたりがない」と作家のジョーン・ディディオンは『悲しみにある者』で書いているが、この本には夫のジョン・ダンの急死に続く、その後の一年が描かれている。「悲しみは波となって打ち返し、やがて抑えられない激情となって、わたしを不安の底に突き落とす。突然の不安にわたしは膝の力を失い、目は光を閉ざされ、日々の生活は消え去っていく」。

作家とは、紙のうえに文字を記すことを通して日々を生きていく。生きる意味をそうやって見出し、悲しみを書き連ねることで日常を取り戻していく人種なのだ。

神に畏怖する生きもの

こうした回想録そのものは決して目新しいものではない。イギリスの神学者で、『ナルニア国物語』の作者としても知られるC・W・ルイスは、一九六一年に『悲しみをみつめて』という本を書いている。当時、ルイスのことを「英語圏でもっとも信頼されたキリスト教徒の代弁者」と記した文章があるが、ルイスは学者として、知的な生活と独身者の生活を数十年にわたって送っていた。

そのルイスのもとにアメリカ人女性のジョイ・デビッドマン・グレシャムから海を越えた手紙が届く。詩人で作家のジョイは、無神論者である自分に疑問を抱きはじめていた。神を否定する自身に向けられた関心は、やがてルイスが信奉するキリストの世界観に引き寄せられていった。そして、ついに顔を合わせたふたり。最初は知的な話題を交わすだけだったが、やがてたがいに激しくひかれ合っていく。自分と変わらぬ知性に向けられたその関心は——ルイスは相手のことをそう考えていた——まさにジョイという名の尽きせぬ喜びへと変わっていった。

一九五六年、ルイスとジョイは結婚する。だが、ジョイにくだされたガンの宣告はすでにふたりの生活に暗い影を落とし、死は結婚からわずか四年後に訪れる。『悲しみをみつめて』はジョイが死んだ翌年に出版された。この本はC・W・ルイスという名前ではなくN・W・クラーク名義で刊行され、ジョイは文中、「H」というイニシャルで記されている（ジョイの正式名はヘレンという）。

のちにこの本がふたたび刊行されたとき、本名のルイス名義に改められるが、そのころには「H」がだれなのかは世間の知るところになっていた。途方もない激情と、ルイスには珍しい疑念の思いを抱きながらも、ルイスが当初見せた用心深さと徹底してプライバシーを守り抜こうとした思いについては、このあとすぐにあらためて触れることにしたい。

『悲しみをみつめて』は、ジョイの生前中にルイスが書きとめていた四冊のノートがもとになっている。悲しみのあまり麻痺した部分、逆にとぎすまされた部分が交錯し、ルイスの際だった心の冴えを認めることができるだろう。最初の数ページからすでにルイスの慟哭が聞こえてくる。ルイスはこう書いている。自分を悩ます問題は、自分が神への信仰を見失ってしまったからではなく、神の「そら恐ろしい一面」さえいまの自分が信じているという告白だ。

さらに、心に残るジョイの面影が曖昧になっていく避けようもない事実と、それを受け入れている自分にルイスは苦悩する。「息をひきとってからまだ一か月もたたないというのに、わたしのなかである変化が自分でも気づかないうちにゆっくりと始まっていた。わたしが考えるHの姿が、日ごとに空想のなかの女性のように思えてきていたのだ」。

人と動物の悲しみは、この点において違ってくるのだとわたしには思える。ジョイの死でルイスはあらたな不安に突きおとされ、自分がこれまで抱いてきた知識と信仰について全面的な見直しを迫られる。悲しみにとりつかれ、ルイスはたえず過去を問い返し、未来について考えをめぐらせる。本人が必死になって取り組むこうした疑問は、どれも正答など存在するわけはない。

わたしが興味を覚えるのは、これに関連してルイスが「きわめて矛盾した言い方だが、（人間は）宗教を信じる動物だ」と書いている点だ。ルイスは、人間だけが自己超越をなしとげ、不可知の存在におののくことができると決めてかかっている。おそらくその考えにまちがいはないのだろう。けれども、そんな思いこみはご免こうむりたい。自己を認識できる人間以外の動物が、霊的な思いを経験していないとどうして考えることができるのだろう。

たとえば、ジェーン・グドールが、流れ落ちる滝を目の前にしたチンパンジーの行動を観察して、チンパンジーは霊的な体験をしているかもしれないと考えていたのは有名な話だ。実際、グドールの説はわたしよりはるかに先を行っており、チンパンジーは人間と同じくらい霊的な生きものだが、ただそれに考えをめぐらし、畏怖や驚きの思いを表現する方法をもちあわせていないからだと示唆している。もっとも、この点に関して言うのなら、滝に向かってチンパンジーが石を投げたり、つるにぶらさがったりする行動（いわゆる「雨の踊り」と呼ばれる行動）よりは、滝の前でじっとしているときの姿がわたしには印象的だ。その目は流れ落ちる水を追い、物思いに沈んで我を忘れているように思えてくる。

静けさにこめられた悲しみの深さ

グドールはさておき、ひとつ明らかなのは、ルイスにしろ、われわれ人間のだれもがほかの動物とはまったく異なる姿で悲しみに向き合っている点だ。こんなおおざっぱな二分法で一線を画すのは、ここまで紹介した本書の趣旨とはそぐわないように思えるかもしれない。

しかし、プロローグでも触れたように、人間の思考や感情がほかの生きものとは違うと認めても、それは必ずしも人間がほかの動物よりもすぐれているという表明ではない。それどころか、動物を見下したような考えに対して、本書で紹介してきた話は断固として「ノー」を突きつける。悲しみに向けられた反応が異なるからといって、人間がほかの動物よりまさっているわけではない。それと同じように、自己認識にまさるからという理由で、イルカのような生きものが、その点で劣るヤギのような動物よりもすぐれているとは言えない。

なぜ、人間の悲しみがほかの動物と違っていなければならないのか。それについて進化論は、動物が宿している種特有の行動だと説明する。死者を前にして、人間がチンパンジーのように突然攻撃的な行動におよばないように、チンパンジーもまた人間のように故人の思い出話を語り合うようなまねはしない。チンパンジーもなんらかの方法で、仲間の死をめぐる思いを交わし合っているのかもしれないが、こうした疑問に対する試みはまだまだ始まったばかりだ。

チンパンジーは人間のような語り部ではなく、祖父母や両親にかかわる話を巧みに練り、子や孫に語り伝えていくことはないから、人間の悲しみのほうがさらに深いとは言えるわけがない。そもそもこんな質問自体が的をはずしているのだ。人間は自分たちのことを人それぞれと認めながら、動物の悲しみは、人間のバリエーションに応じて縛りつけている。

類人猿、ゾウ、クジラ、イルカなど、自分を認識できる動物のなかには、過去の出来事をちゃんと記憶し、将来に向けて計画を立てられるものがいる。この種の動物が仲間の死を悲しむ場合、愛した相手とともにすごしたときの様子を心に描いているとも考えられるが、かりにそうだとしても、そのときの記憶は人間のように鮮明な具体性を帯びたものではないだろう。「太陽がさんさんと輝いていた森のピクニック」「冬の早朝、たがいに体を抱き寄せたときに感じた肌と肌との触れあい」など、人の記憶は言葉にかきたてられ、言葉に支えられたものなのである。

この点に関して、動物学者のテンプル・グランディンは次のように言っている。動物の思考はもっと映像的でイメージに富んでいる。時間や場所については人間のように正確ではなく、記憶が引き起こす、包み込まれるような感覚に重きが置かれているのだろう。悲しみに沈む動物は、夜になって目を閉じながらも、悲しみのとばりは夜が明けてもまだそこに残っているのだと気がついているのだろうか。その答えはおそらく「ノー」だ。ギリシア神話のシーシュポスではないが、悲しみが今日、明日と自分に連れそうものだと悟る感覚には、自己を検証できる力が必要であり、人間を除けばこうした能力に恵まれている動物は存在しない。

ルイスの『悲しみをみつめて』には、強靭なこの種の自己認識を見出すことができる。「どれだけ欲しいと願っても、それが決して手に入れられるものでないのはよくわかっている」「ともにすごした毎日、いつもの冗談に笑いころげてグラスを交わした。たがいにいさかい合い、たがいに求め合った夜。本当にささいなことばかりなのだが、そのありきたりのなさが胸を突く」とルイスは書く。だが、ルイス本人が描きたかったのは、悲しみの輪郭ではなく、みずからの内面をさらに掘り下げていくことだったのではないかとわたしには思えてならない。

この本が最初に刊行されたとき、ルイスが本名を伏せていた事実を思い返してほしい。この点において『悲しみをみつめて』という本は、現在刊行されている回想録の多くと明らかに異なる。途方もない悲しみにみまわれながらも、ルイスが試みたのは世間に公表することではなかった。それだけにルイスの悲しみがさらに深くわたしの胸に迫ってくる。

『悲しみをみつめて』の最後近くで、ルイスはきわめて興味深いことを書いている。

「あまりにも激しい嘆きは死者とわれわれを結びつけるものではなく、むしろ死者からわれわれを遠ざけていく」。部屋を神殿に変え、亡くなったその日に敬意を捧げ、面影をいまも変わらぬ生々しさで心にとどめようとするのは、逆説的ではあるが、亡き人のリアリティーをわたしたちから奪ってしまうだけなのだ。おそらく、声高に書かれた回想録についても同じことが言えるのだろう。

激しすぎる悲嘆に、読む側は、嘆いている本人に対してはもちろん、故人に対してもたじろぐ。わたし自身、生々しい混乱とむき出しの思いがこめられた声が執拗に続く本ではなく、そうした思いとは無縁の回想録にもっぱらひかれるのは、たぶんそんなところにも理由があるのだろう。こうした回想録の多くは、どれもが抑制された言葉を用いて描けるものばかりなのだ。

二〇一一年、イギリスのジャーナリスト、フランシス・ストナー・サンダースはガーディアン紙にこんな記事を寄せた。激しい悲嘆にくれる回想録をギリシアの古典劇になぞらえ、「衣装を借りても、たいていはそれを着くずしている」として、そこにあるのは「おもわせぶりな決まり文句と意味のない反復、ひとりよがりな思い込みと破綻でしかない」とまで言い切っていた。

悲しみを見すえる目、希望を見つめる目

しかし、声をあげて嘆き悲しむことを拒んでいるのはルイスひとりではない。作家のロジャー・ローゼンブラットの娘エイミーは、ある日前ぶれもなく倒れ、三十八歳という若さで息をひきとった。エイミーの死によって、残された夫や三人の子ども、そしてふたりの兄弟と両親の人生は永遠に変わっていく。『トーストを焼いて』(*Making Toast*) のなかでローゼンブラットはこう書いている。

エイミーが亡くなった翌日、息子のカールとジョン、わたしの三人はベテスダにあるデッキにたたずんで泣いていた。たがいの体に腕をまわして円陣を組み、着ている服は、風にあおられてスカイダイビングをしているようにはためいていた。息子たちが大きくなってからというもの、ふたりが泣いている姿を見た記憶はない。感傷にかられ、わたしも泣いたことはあるが、自分が涙を流す姿を息子たちに見られたかどうかはっきりとは覚えていない。(略) 親密な家族を襲った不幸は、親密なだけに容赦のない苦しみをもたらす。寒さのなかでわたしは息子たちと立ちつくしていた。腕はふたりの肩に置かれていた。頼もしい男の肩だった。

「頼もしい男の肩」という言葉に、負った心の傷の深さと、それだけにとどまらない

思いがしのばれる。わたしたちに伝わるのは、悲しみを大人として耐えているのにちがいないふたりの息子を、父親は自分と同じ一人前の男として見ているという事実だ。

それから二年後に書かれた『カヤックの朝』（*Kayak Morning*）という本でも、ローゼンブラットは娘のこと、娘を失った悲しみについて触れている。どうして『トーストを焼いて』を書いたのかという疑問に、それは心の傷をいやすため、書くことで娘の面影を生かし続けるためだったと『カヤックの朝』のなかで触れている。さらに「二冊目の本を書き上げたとき、もう一度エイミーが死んでしまったような思いにとらわれた」と語った。ルイスなら「二冊目は書かないほうがいい」とローゼンブラットに忠告していただろう。そう思われるのは、娘の思い出からわずかにでも自由になろうとすると、今度は以前にも増す激しさで彼女のことが思い返されるからなのである。

おかしな話だが、悲しみの記憶とは、逃れようと必死になればなるほどその思いにとらわれてしまうものなのかもしれない。つらい体験であっても、その思いを心の暗所にずっと追放するようなまねはしたくないと拒めば、感情を圧倒するような経験であっても、人はやがてそれに慣れていくのだろう。『ある未亡人の物語』（*A Widow's Story*）のなかで、作家のジョイス・キャロル・オーツはこう書いている。

書斎の机越しに見えるのは、木立と小鳥たちのバードバス（もっともいまは冬なので使われてはいない）、ヒイラギは赤い実をつけ、梢ではコガラやシジュウカラ、カージナルがせわしなく動きまわっている。もう二度とレイとこの部屋ですごすことはないときっぱりと自分に言い聞かせられる。いまこの瞬間にわたしが感じているのは、夫を亡くした女の思いなどではない。

だが、悲しみはふたたび頭をもたげ、なんども繰り返して現れる。少なくともある時期をすぎるまで、人はその悲しみから逃れられない。そして一番つらいのは、嘆き悲しむ本人がこうした事実に痛いほど気がついている点だ。ルイスはこう書く。

いずれの苦痛もその部分だけを見れば、いわばそれは苦痛の影、あるいは苦痛を投影したものにほかならない。つまり、人はただ苦悩するのではなく、自分が苦悩しているというその事実に苦しみ続けなければならない。悲しみにとらわれ、終わりのない日々をわたしは生きていたのではない。悲しみにとらわれた日々を生きているのだと意識しながら、その日その日をわたしは生きていたのだ。

時間とともにルイスの悲嘆のありようは変わった。聡明なルイスはその変化をはっきりと見極め、そしてわたしたちは残された本人の言葉から、悲しみを見すえる目と希望を導き出すことができる。ある日、ルイスは自分の心がこれまでよりも軽やかになっていることに気がついて驚く。神から遠のいたという思いも以前ほどではなくなり、ジョイの面影が薄れていくうしろめたさにさいなまれる気持ちもやわらいでいる。悲しみは尽きることがなくても、たけだけしいその勢いはやがて落ち着くことが本のなかでほのめかされている。

　悲しみの重さを知り、心に現れる悲しみが姿を変えていくことに気がつくなど、こんなまねは人間だけのものであって、ほかの動物は人間のようには感じていないとわたしは考えている。さらに言うなら、動物はうしろめたさというものを感じることはできるだろうか。フランシスコ・ゴールドマンが自分の妻の死を描いた自伝小説、『その名を告げよ』（*Say Her Name*）には、どのページからも罪悪感がにじみ出ている。

　ゴールドマンの妻オーラは、夫と訪れたメキシコのビーチで遊泳中、波にのまれて溺死した。年若いオーラとの出会いに触れた部分では、ゴールドマンはその美しい顔と瞳、はつらつとした若さから目を離すことができなかった様子が描かれている。ふたりがはじめて交わした言葉はこんなふうに書かれている。ゴールドマンの「ホラ《やぁ》」という挨拶に、オーラは「ホラ《こんにちは》」と答える。この最初のかかわりに、ゴールドマンは、ふたりの恋愛、結婚、死、悲嘆へと続く一連の出来事がはてしなく動き出すように仕向けている。

空おそろしいのは、もう二度と交わすことのない妻オーラとの会話をゴールドマンが思い描く部分であり、文中、ふたりが語り合う光景は括弧にくくられ、きわめてぎりぎりのかぎられた言葉に圧縮されている。(「ハロー、君の命を奪う者だよ」)と言うゴールドマンに、オーラは(「ハロー、そうあなたなのね」)と答える。こうした一節からうかがえるのは、深い自意識を抱えた人間に、悲しみの記憶はきわめて過酷な代償を負わせるということなのだ。

動物たちの悲しみ、人の悲しみ

時によっては、うしろめたさや変わることのない心の重荷ではなく、ある種の予告された悲しみにわたしたちは向き合う場合がある。医師の険しい表情のもとで、夫や妻、子ども、友人の手が徐々にその温もりを失い、医師の口を突いて出てくる次の言葉を待っているとき。あるいは、愛する者が日ごとに衰え、残された結果がただひとつとなったとき。時には数か月先、数年先の話であろうと、わたしたちはやがて訪れる喪失を迎え入れる。

死につつある者がこれからひとり歩む道に思いをめぐらす一方で、寒々とした自分の未来を心に描く。もう二度とむかしには戻ることのないあの家に自分ひとりで帰るとはいったいどういうことなのだろう。『ザ・ライジング』は、二〇〇一年九月十一日の同時多発テロ事件のあとで、ブルース・スプリングスティーンが発表したアルバムだが、そのなかに「ユー・アー・ミッシング」という曲が収録されている。

ナイトスタンドのうえには写真　居間のテレビはつけられたまま
家はあなたを待っている　あなたが帰ってくるのを待ち続けている

この曲を聴く者は、家は永遠に待ち続けなくてはならないことを知っている。曲のタイトルはスプリングスティーンが繰り返し歌う「ユー・アー・ミッシング」――「あなたはいない」――というリフレインからとられたものだがこの曲の最後の歌詞は痛切だ。

神さまは天国をさすらったまま　悪魔はメールボックスのなかにいる
わたしの靴はホコリをかぶり　わたしはただ涙を流しているだけ

9・11では悲しみを予期する余裕などまったくなかった。いつものように仕事に向かい、あるいはその日たまたま用事で出かけたまま、愛する家族は二度と家には帰ってこなかった。

そんなことを考えると、予期された悲しみの場合、心に重荷を強いるとはいえ、それと同時にある種の恩寵があるのだと言えなくもない。やがて訪れるそのときがくる前に、愛を言葉にしておくことができるし、逃れようのない放心にそなえ、家族や自分の心の準備が整えておける。

一九九〇年代早々のことだった。親友のジムが息をひきとったとき、やはりわたしも恩恵と重荷の両方を感じた。ジムはまだ三十代だった。死因はエイズで、抗レトロウイルス薬が登場して病気の発症を抑え、患者に生きる光明を与えてくれる直前のジムの死だった。ジムとわたしは不思議な関係で、双方にとってたがいがどんな存在であるか表現する言葉は英語にはない、そんなことを何人にも言われた。親友には違いないが、それだけでは言い表せないなにかがあった。

知り合ったのは大学で、ロマンチックな関係にしようと奮闘したこともあるが、やがてふたりは精神的に深い絆で結ばれているのだと気がついた。ジムはニュージャージーを根城に、人類学を専攻するわたしにしたがって、大学院があるオクラホマ、フィールドワークで訪れたケニア、学位論文を書いていたサンタフェを訪れてくれた。そして、ジムがエイズを発症する。

打てる手はなにもなかった――いや、そうではない。すべてはこれからだった。役に立ちそうな医療を手当たりしだいに調べあげ、今度はわたしからジムのもとを訪れた。最後のほうになると、自分はこれから死ぬまでジムのことを毎日思い続けると誓った。そして、いよいよ最期を迎えようというころ、わたしはとうとうある一線を越えてしまう。病人が病に打ち勝つことを望むのではなく、苦しみ続ける相手の死をわたしは心から願っていた。

動物には、仲間が病気になったとき、ふだんとは違った行動を示すものがいるのだろう。スコットランドのサファリパークで飼育されていたチンパンジーは、臨終を迎えた雌のまわりを取り囲んでいたし、ヤギのイゼベルは、親友のシェットランドポニーのピーチが倒れないようにとその体で必死になって支えていた。いずれも相手のことを心配し、その思いにしたがった行動なのだろう。

しかし、死が近づいてくるのを意識する一方で、わたしたち人間だけは死を恐れながらも——恐れでなく安らぎかもしれないし、あるいは恐れと安堵が半々に交じった思いかもしれない——さらにそのずっと先のことについてまで考えをめぐらす。そして死が本当にやってきたとき、わたしたちはもちろん、失った相手のことを思って悲しみにくれる。だが、その哀悼は、一個人としての思いと集団に根差した思いが交じった独特のものだ。

そして、このバランスにこそ、強い自己認識をもつ人間の適応のあかしがうかがえる。生物学者のタイラー・ボルクは『死とはなにか』（*What Is Death?*）のなかで、「死者を嘆き悲しむ者の姿を見て、人は未来に訪れる自分自身の死に対する慰めを感じている」とも書いている。

すべての種のなかでも、ひとり人間だけが死に伴う悲しみを芸術というかたちに向けていくことができるのは、人が回想録を書いていることからも明らかだ。ただ、舞踊のように身体化された悲哀の表現はそのかぎりではない。舞踊の場合、そこに人間ならではの創造性がうかがえながらも、伝わってくるのは人間も悲しみにくれる動物と大差はないという思いなのだ。

人は言葉で悲しみを表すものだが、それだけではないだろう。人もまた動物の体をもち、動物ならではのしぐさと動きで傷心の思いを伝えようとしている。

第15章　先史時代の悲しみ

ふたりが死んだとき、少年は十二歳か十三歳ぐらいで、少女は十歳を超えてはいなかった。少年はとくに問題なく育ったようだが、少女はそうではなく、左右の大腿骨に変形が認められた。その両脚はほかの子どものものより短く、そしてゆがんでいた。生前、この少女は弓のように湾曲した脚で歩いていた。

ふたりが住んでいたのは、いまはスンギールと呼ばれる川沿いの土地で、モスクワの東方約二〇〇キロにあるウラディミルの郊外に位置する。あたりに広がる永久凍土の様子から、この土地の気候がどれほど厳しいかがうかがえる。凍てついた大地を掘り起こし、遺体を埋葬しようとしたとき、仲間の全員が力を合わせたのだろう。遺体は美しい装飾品をまとっていた。

装飾品を吟味する大勢の人の目の確かさ、そして、装飾品をつくるために要した熟練と膨大な時間、そこからうかがえるのは、見事な葬儀を執りおこなうことで、ふたりの子どもをこの世からとどこおりなく送り出してやろうという人びとのなみなみならぬ決意だった。

埋葬に立ち会い、その様子を伝える目撃証言がないのは、子どもたちが死んだのはいまから二万四〇〇〇年前の出来事だったからである。スンギールの遺跡に住んでいた人たちは、解剖学的には現代に生きるわたしたちと同じホモ・サピエンスではあるが、旧石器時代のこの時代、文字の登場どころか、集落をつくり、定住を営む生活もまだ始まっておらず、農耕はもちろん、動物の家畜化も行われていない。

とはいえ、スンギールの人たちが単調な毎日を送ったわけではない。三万五〇〇〇年前のフランスのショーヴェ洞窟の壁画のように、ここでもすばらしい動物の姿が残されている。洞窟の壁に、色鮮やかに、そして生き生きと描かれた絵を見れば、わたしたちホモ・サピエンスの祖先が複雑な文化をもっていたのは一目瞭然だ。

考古学者が書いた文書を読んでいると、はるかむかし、墓の前でスンギールの人びとが集まってきた光景が目に浮かんでくる。ビンチェンツォ・フォルミコラとアレクサンドラ・ブジュルバのふたりはこう書いている。

永久凍土にうがたれたのは浅くて細長い墓穴で、ふたりの子どもはそのなかで頭頂と頭頂を合わせ、仰向けになって埋葬されていた。頭蓋骨は赤いオーカー（代赭石）でおおわれ、数多くの珍しい埋葬品で豊かに装飾されていた。マンモスの象牙でつくられた何千という数のビーズは、もともと服に縫いつけられていたのだろう。同じく象牙でできた長槍（そのうちの一本は二メートル四〇センチある）、象牙の短剣、穴を開けられた何百という数のホッキョクギツネの犬歯、雄ジカのツノでつくられた杖にも穴が開けられている。このほかにも象牙を材料にした動物の彫り物やブローチ、円盤状のペンダントなどの副葬品が埋められていた。

人類学の世界では、スンギール遺跡で埋葬されていたふたりの子どもは有名な話だ。少なくとも考古学者がこれまで発掘した墓の様子から判断するかぎり、これほど古い時代にさかのぼって子どもを埋葬した例はきわめて珍しい。そして、この埋葬がさらにまれなケースであるのは、女の子に認められた脚の障害だ。しかし、障害があったから少女はこうやって埋葬されたのだろうか。

考古学者はそれには懐疑的で、もしそうであるのならこの年齢層に対する先史時代の埋葬はもっと頻繁に行われていたはずだという考えを深めている。こうした例はスンギールの少女の埋葬にしか認められず、情況をつぶさに検討してみても、少女の死因と脚の障害との関連性はうかがえない。

少年と少女の死は、ともに埋葬できるタイミングで、ほぼ同時期に起きたのはまちがいないと研究者は考えている。ふたりいっしょに食べ物を探し回っている最中、あるいは仲間を代表したなんらかの活動中に突然の事故にみまわれたのか、それともなにかの病気の犠牲になったのかもしれない。

人類はいつから死を悼むようになったのか

遺骨や副葬品の有無を言わせない見事さに、スンギール遺跡にかかわる評価の一端がうかがえる。しかし、わたしには、こうした副葬品はそれだけにとどまらない意味を帯びているように思える。子どもの死を目の当たりにしたスンギールの人たちがどんな行動におよんだのかと考えた場合、時間的なへだたりがありすぎると、対象への共感をどうしても忘れてしまいがちになる。

しかし、レポートを読んでいて息をのんだ箇所がある。子どもたちの服に縫いつけられていた何千という象牙のビーズだ。寒冷の土地に生きるスンギールの人たちは、厳しい自然条件にさらされた毎日をすごしている。だが、子どもたちが死んだとき、遺体を飾るためのビーズづくりにおしみない手間をかけていた。わたしには、埋葬されていた膨大な数のビーズこそ、スンギールの人たちが覚えた悲しみをかたちにしたものに思えてしかたがないのだ。

もちろん、わたしのこの考えは誤っているかもしれず、そんな悲しみとは無縁のまま、埋葬の準備という大変な仕事が進められていたことも考えられる。しかし、人類の過去の出来事をふたたび組み立てようとするとき、本書でここまで紹介した例が役に立ってくれるのがまさにこうした場合だ。カラスやガン、イルカ、クジラ、ゾウ、ゴリラ、チンパンジーなど、社会性の高いさまざまな鳥類や哺乳類が、仲間の死を悲しむ能力をもつことを示していた。

わたしの考えが正しく、しかもこうした動物が嘆いていた理由が、死んだ仲間に寄せられていた愛情からだとすれば、二万四〇〇〇年前に生きた人類もまた、同じように愛と悲しみを表していたとは考えられないだろうか。愛や悲しみという感情は、賢くて社会性にもすぐれ、しかも自己認識のある霊長類が、密度の高い社会で生きることを通じて生み出された副産物であると考えられないだろうか。

仲間の死を悼むという感情が、時間と種を超えてうかがえる一方で、人間以外の動物が集団で埋葬を行っているという話は耳にしたことはない。そして、人類の祖先においてもこの習慣は珍しいものだった。人の祖先が二本の足で立ったのはいまから四〇〇万年以上前、石を加工して道具をつくったのが二五〇万年前、大きな獲物を狙った狩猟は二〇〇万年から一五〇万年前にかけて始まったと考えられているが、この期間を通じ、死者を埋葬したり、火葬したりした痕跡はまったく残っていない。

そして、この事実にがぜん興味をかきたてられるのは、その間も大勢の人間が生存していたわけであり、それでは、個々の遺体はどう処理されてきたのかと考えた場合だ。人口調査を研究するあるグループは、過去五万年から現在まで、一〇七〇億の人間が生まれ、そして死んだと試算する。一〇七〇億人という数字が正確かどうかは保証のかぎりでないとわたしが考えるのは、この種の試算の常として、過去の人口に対するいささか乱暴な前提と、荒っぽい推測がまぎれこんでいるからである。

もっとも、ある種の思考実験としてなら、こうした試みもまったく無意味だとは言えない。ただし、人の祖先の始まりを五万年前とするのでなく、六〇〇〇万年前ごろだと訂正したうえで考えると、ばくだいな数にのぼる人間（とその祖先）がこの世に誕生し、その人生を生きて、そして死んでいった様子が見えてくる。そして、この間に死んだ人の体はどう処理されていたのだろう。遺体に哀悼を捧げる者はいたのか。さらに人はいつのころから、故人に対する哀悼を社会的な儀式として表すようになったのだろう。

スンギールの埋葬によって、歴史のある時点で狩猟採集を行っていた人間（少なくともその一部ではあるが）はこうした儀式を行っていたという事実を特定することができた。そして、その儀式には死者をあつくとむらうという思いもこめられていたようだ。この遺跡を出発点として、過去にさかのぼって研究すれば、人類の系統において、人はなぜ死を悼むようになったのかというそもそもの起源が考古学的に明らかにできるかもしれない。

残された埋葬の形跡

イスラエルに残るふたつの洞窟遺跡は、約一〇万年前に生きていたホモ・サピエンスがどんな生活を送っていたのかを知る貴重な宝庫になっている。ひとつはガリラヤ地区のカフゼー洞窟、もうひとつはカルメル山にあるスフール洞窟で、早期のホモ・サピエンスによって行われた最古の埋葬例として知られている（カフゼーの埋葬は約九万二〇〇〇年前。スフールは八万年から一二万年前のあいだに行われた）。

精緻さにおいてはスンギールの埋葬に比べようもないが、いずれも成熟した文化のもと、死者に向けられた思いの深さが明らかにうかがえる。ここを調査する考古学者のダニエラ・E・バーーヨセフ・マイヤーらの報告では、カフゼー文化の担い手となったのは、赤いオーカーで体を飾り、四五キロ離れた海岸を行き来し、その途中で貝殻を集めていた人たちだ。

彼らは拾い集めた貝殻もオーカーで彩色していたが、こうした行為はごく初期の時代に現れたある種の芸術的な営みの一例かもしれない。成人と子どもの両方が洞窟周辺に埋葬されていたが、それらに交じり、一体だけ胸にシカのツノが置かれた若者の遺体が埋められていた。スフールの遺跡からも、イノシシの顎骨が置かれた遺体が一体発掘され、そのほか意図的に穴が開けられた貝殻が置かれた遺体も見つかっている。

イスラエルの遺跡によって、死者の扱いが徐々に丁重なものになった事実がわかると同時に、わたしたちが現在知る、その後の埋葬へと様式を変えていったのではないのかと思えてくる。宗教の起源を研究する学者のなかには、埋葬で見つかった特別な品々と、死後に対する信仰をなんとか関連づけようとする者もいるようだが、このふたつを関連づけるたしかな証拠は存在しない。こうした品々は、単に故人への敬愛を示しているだけかもしれないし、死後に起こる出来事に対して、集団の心情を表しただけなのかもしれない(スンギールの埋葬の説明で、わたしが死後の世界に関連する信仰や宗教的儀式の存在にまったく触れなかったことに気づかれただろうか)。

生物学者、タイラー・ボルクの「死者をとむらう儀式に、人は自分の死を重ねている」というその言葉は、わたしにはやはり正しいものに思えてならない。『死とはなにか』(*What Is Death?*)で書かれているように、死者のまわりに人が集うとき、遺体は「いやおうなく彼らに死に突きつけてくる。(略)死には生者の意識を覚醒させる作用があるのだ」。

ホモ・サピエンスが栄え、やがてそのなかから家畜を飼いはじめる者が現れると、人の死生観にも変化が生じる。トルコのチャタル・ヒュユク遺跡からは、住居の床下でいっしょに埋葬された男性と子ヒツジの約八〇〇〇年前の遺体が発見された。これなど、人間と家畜化された動物のあいだに感情的なかかわりが生まれていた事実をうかがわせる好例だろう。それから数千年後に建造が始まる古代エジプトのピラミッドには、来世でも口にできるように食物が供えられている。先史時代の埋葬を年代順にたどると、死の問題や来世に対する人の想像力はしだいに膨らんでいく。

とはいえ、人類が行っていた埋葬は、単に遺体を埋めるだけにとどまらず、早い時期から象徴的な意味を帯びた行為だった。カフゼーやスフールでは、赤いオーカーが文化を表現する手段として用いられていたように、先史時代、ほかの遺跡でもこの岩石は利用されていた。鉄分に富み、深い紅色を帯びたオーカーは、南アフリカ共和国にあるブロンボスの洞窟でも重要な役割を担っていた。この洞窟遺跡は、早期の現生人類がどんな生活を送っていたのか知るには格好の場所である。

南アフリカの沿岸民として、ブロンボスに住んでいた祖先は海の資源をじつにうまく活用した。モリで魚を突き、アザラシやイルカを捕獲し、海岸では巻貝を集めた。現生人類の行動様式はいまから三万五〇〇〇年前にヨーロッパで起きた〝革命〟だとする説を掲載した教科書をときおり目にするが、ブロンボス洞窟の目のさめるような発見で、このような見解もきちんと正されつつある。

ハンマーストーンや磨石を要領よく使い、ブロンボスの人たちはオーカーから顔料をつくった。こうした事実がわかるのも、考古学者のクリストファー・ヘンシルウッドらが一〇万年も前の工房をここで発見したおかげである（同じころ、アフリカのはるか北ではカフゼーやスフールの洞窟が栄えていた)。

ブロンボスの狩猟採集民は、硬いオーカーを砕いて粉状に加工し、時にはそこに木炭やアザラシの油脂を混ぜることもあった。このとき、アワビの貝殻が攪拌《かくはん》の際にはかっこうの道具として、さらにできあがった顔料をおさめる容器として使われた。真相解明を求めるヘンシルウッドらによって、工房の主たちが送っていた当時の生活の一端がかいま見えるようだが、しかし、こうして製作した顔料がどんなふうに使われていたのかという点については依然謎のままである。

使っていた道具に彩色していたのだろうか。それとも洞窟の壁に絵を描いていたのか。あるいは、同時期のカフゼーやスフールの先祖がそうだったように、赤い顔料を自分の体に塗りつけていたのだろうか。

早期の現生人類にとって、ブロンボスの洞窟は何千年ものあいだふるさとのような場所だった。七万五〇〇〇年前ごろ、ここに住む人たちは赤色オーカーのかたまりに文様を刻みつけていた。刻まれたのは文字ではないが、抽象的な思考ができる頭脳でなければ描くことができないものであり、こうした文様が描かれていた事実は、生存のための工夫に休むことなく集中していなければならない毎日からの解放も意味している。

似たような才能は装飾品の製作でも必要とされた。小さな二枚貝の殻には精巧な手法で穴が開けられ、表面に文様が刻まれた。こうしてできたアクセサリーをわたしたちの祖先は身につけていた。カフゼーやスフールがそうだったように、ここブロンボスでも同様な埋葬が行われていたにちがいないという結論をくだしたいが、埋葬が行われた形跡はこれまでまったく発見されていない。

ホモ・サピエンスとネアンデルタール人

アフリカや中東にかつて生存した現生人類から浮かぶイメージは、生きることに思いをめぐらし、生を実感していた者たちによる一種の創造的な自己表現という姿だ。ある意味でこれとよく似た印象をまとっているのが、旧人と呼ばれるネアンデルタール人だろう。ホモ・サピエンスにとってはもっとも近縁のイトコに相当する存在で、脳は大きく、がっしりとした体型をしていたが、いまから約三万年前に絶滅している。

ただ、現生人類の遺伝子にはネアンデルタール人の遺伝子が混じっているという説があり、その意味ではネアンデルタール人の命はいまも生きながらえているのだと言えなくはないだろう。絶滅にいたるまでの数万年前、ネアンデルタール人は、解剖学的にはいまの人類と変わらない祖先たちと共存していた。歴史上のとある時期、とある場所でネアンデルタール人とホモ・サピエンスの祖先が出会いを果たしていたのはまずまちがいない（ただし、アフリカ以外の場所で。ネアンデルタール人はここには生息していなかった)。

おぼつかない足どりと、その肩にはこん棒――ありきたりな原始人のイメージでネアンデルタール人を考えているとしたら、それは致命的なあやまりだ。ネアンデルタール人は槍を巧みに操り、マンモスのような大型で危険な動物をしとめていた。一方で、クマやオオカミ、シカの歯を材料にペンダントをつくり、マンモスの臼歯を赤いオーカーで彩色していた。動物の歯をなめらかに磨き上げて象徴的な品々をこしらえる者もいたし、仲間の遺体を埋葬する者も存在していた。

フランスのフェラシー遺跡で発掘されたネアンデルタール人の遺体は、仲間の手によって平らな石灰岩でおおわれ、ウズベキスタンにあるテシク・タシュ洞窟で見つかった子どもの遺体の周囲には、ヤギのツノが環状に並べられていた。

ネアンデルタール人に先立つ時代になると、死者を丁重に葬った例は見つかっていない。しかし、人類のさらにむかしの祖先が死体をどう扱っていたのか、それについて考古学者には啓示的なヒントを与えるかもしれない場所が一か所だけ存在する。スペイン北部のカスティーリャ・レオン州にあるシマ・デ・ロス・ウエソス(骨の穴)がそれで、深さ約一四メートルの穴の底から三十二体分の人骨がひとかたまりになって発見されている。その年代はおよそ三〇万年前までさかのぼることができる。

当時、ここに住んでいた人たちは、ある種の畏敬や崇敬の思いをこめた行為として死体をこの穴に安置したのだろうか。それとも、攻撃行動というか、悪意をこめた行為の結果として死体を穴に突き落としていたのか。発見された骨はそうした意図とはほとんど無関係なものであり、たまたまこの穴に落ちた者たちの遺骨らしいが、詳しいことは遺跡から知ることはできない。そして、これ以上古い時代になってしまうと、人間の祖先が埋葬を行っていたのかどうか、それを証明する手がかりとなるようなものはまったく存在しない。

人類の系統樹を考えるとき、多くの人たちが出発点であると位置づけているのが、アフリカ大陸を南北に縦断する大地溝帯で三〇〇万年前に生きていたルーシーだ。アメリカの人類学者、ドナルド・ジョハンソンによる有名な発見で、いまから約四〇年前にエチオピアで見つかった。

マンモスや鳥類でひしめく豊かな森林生態系に囲まれ、ルーシーと仲間のアウストラロピテクス・アファレンシスは直立歩行で闊歩していた。ルーシーは推定二十歳前後で死亡したが、その体はルーシーが息をひきとったまさにその場所で白骨化し、やがて骨だけが残った。今日でも野生に生息する動物に起こることとまったく変わらない（ほかの動物に食べられたり、あるいは別の場所に運ばれていったりすることがなければの話だが）。

入念に行われた埋葬

人類の祖先は仲間をどんなふうに埋葬していたのだろうか。その様子を目の当たりにできるのであれば興味もつきないだろうが、それを示唆する遺跡や副葬品のたぐいは見つかっておらず、遺骨の分析もできないので、はるかむかしに死んだ祖先に関しては、残された肉親や集団がどのような思いを抱いていたのかについて解明することはできない。

しかし、これまで説明したように、先史時代のわたしたちの祖先が抱いた感情については、本書で紹介してきた動物がどんなふうに仲間の死を悲しんでいるのかという話が手がかりを与えてくれる。副葬品や遺骨が語りえぬこと、あるいは専門家もあまり乗り気ではなさそうな推論も、動物と人間を比較した文脈で検討することでこれまで以上に明らかになってくる。

二万四〇〇〇年前のスンギールの遺跡、一〇万年前のカフゼーやスフールの洞窟遺跡やブロンボスの遺跡を見ると、わたしたちの先祖は、悲哀という感情を抱くにたるだけの認知能力と感受性をそなえ、しかもそれを表現する際、支えとなってくれる社会的なしくみをもっていた。もっとも、動物と人間のこうした比較が明らかにできる範囲は、そうした感情を抱いているという〝可能性〟にかぎられ、可能性があるからといって、この感情がかならず発現していたわけではないという点は心にとめておいたほうがいい。

現代に生きる人のなかには、死はすべての終わりを意味すると考えている人がいる。つまり、呼吸がやんだ瞬間に命は終わりを迎えるという考え方だが、一方で、魂の存在と魂の無限の永続について、超越した信仰を抱いている人がいる。たとえ肉体的に滅んでも、それはその人自身の死と等しいものではないという考え方で、聖なる死後の世界と生まれ変わりを信じる者には、死はむしろ心満ちた存在にいたる経路のように思えるのかもしれない。死が意義ある存在の消滅ではないと見なされた場合、死を悼むことはある種の祝福というニュアンスさえ帯びてくるだろう。

遺体、死、追悼をめぐる現代の解釈は複雑でまさにきりはないが、一方で、遺体、死、追悼をめぐる過去の解釈については本当にとらえどころがないままだ。先史時代に生きた人類の悲しみがどのようなものか、それについて人類学が語れることにもかぎりはある。いくつかの埋葬に見られる手のこんだ心くばりを記述し、人間以外の動物との比較検討に基づき、入念に行われた埋葬には喪失の思いが投じられていると強く示唆するほかにできることはないのである。

第14章でわたしは、死に向けられた人間特有の見方について繰り返して説明し、人類だけがこうした悲嘆の思いを芸術に高めたと主張した。そしてこの章では、先史時代に生きた人類の埋葬のあらましに触れ、動物とは決して比較のしようもない人間の念の入った埋葬の方法について説明してきた。それと同時に、人間以外のほかの動物にも見られる感情的な可能性を強く示唆することで、死に絶えた人間の祖先のなかにも、過去のある時点、ある場所で悲しみにくれながら、入念な埋葬を執りおこなう者がいたと述べた。

わたしはこんなふうにして、本書のプロローグで説明したバランス感覚に立ち戻っていたのだが、それは人類学者として必要に迫られてのことだった。人間と動物のあいだにうかがえる認知面や感情面の類似点、それにスポットライトを当てようと努める一方で、では、嘆き悲しむという行動において、人間という種はほかの動物たちとどう違うのか。わたしにはそれを知る必要があったのだ。

悲しみの波紋の行方

死に対する人間の反応がいかに独特なものなのか、最近訪れたベルリンでわたしは身をもって知った。それは、この街にある「虐殺されたヨーロッパのユダヤ人のための記念碑」での出来事で、ここに置かれた二七一一基の石碑のなかを歩いているときに覚えた秩序が消滅するという経験だった。この記念碑はブランデンブルク門の一街区隣にある広大な屋外施設であり、どうやら四六時中立ち入ることができるらしい。さまざまな高さの石碑が平行に何列も連なって並んでいる。わたしはここに建つ石碑のあいだを漫然と歩いていた。通路が交差する地点にくると、ほかの来訪者の姿がぽつりぽつりと目にとまる。そのときわたしは設計者が意図したであろう思いをまざまざと感じていた。無関心な単調さに取り囲まれ、その単調さが見る側に向かって跳ね返ってくる。圧倒的な沈黙に支配され、方向感覚が遠のいていく。無数のコンクリート製ブロックに囲まれたまま、そんな思いを抱きながらも、わたしは自分の思いをきちんと言葉にできずに途方にくれていた。

おびただしい数の石碑は、たしかにそんな思いをわたしに突きつけてくる。記念碑のした、つまり石碑が建つここの地下部分には展示室が設けられていて、ホロコーストで命を絶たれたユダヤ人すべての名前が数多くの写真やコメントとともに掲げられている。そこに残された写真やコメントは頭にこびりつくようなものだったが、通常の博物館のように展示された空間では、その体験も秩序に準じたいつもの体験と変わりはなかった。それだけに、記念碑のなかをとめどなく歩いているときに覚えた感覚の異常さが際だつ。

ベルリンではこのコンクリートの記念碑が建造された。連邦政府ビル爆破事件があったオクラホマでは亡くなった一六八名分のいすが整然と並べられた。ニューヨークのロアー・マンハッタンにある樹木と滝に囲まれた二か所の空き地は、ワールド・トレード・センターのツインタワーが残した足跡そのままだ。広島には、少女の像、橋、広々とした敷地、それに時計台が置かれた平和記念公園が設けられている。ルワンダの首都キガリには二五万人の死をとむらう虐殺記念館が建っている。目もくらむ閃光の余波、免れようのない大惨事の日、戦争がもたらした見る影も残さない消耗、わたしたちの嘆きは地球をおおう規模となったが、こんなふうにして嘆くのは、先史時代はもちろん、これまでの歴史にもあるはずはなかった。

大海原を波がわたっていくように、悲しみもまたはかりしれない規模で時空を超えて広がっていく。作家フランシスコ・ゴールドマンの年若い妻オーラはメキシコで遊泳中に波にのまれて死亡した。妻を亡くしたゴールドマンは、波の性質について深く知りたいというやみがたい思いにかられた。「波は――」とゴールドマンは書き出す。

波は――連なり、重なりあって海原を越えていく。こうした波と海岸に到達した波はまったく同じ波ではない。岸へと向かう途上、連なる波はたがいに重なり、たがいにひとつになることもあれば、どちらかの波がのみこまれて波はひとつになっていくこともある。時を経た波には、それよりも若い波がいくぶんか取り込まれているのだ。だが、どれほど穏やかな波であろうと、海岸に向かっていく波は生来の衝撃で――フルスロットルで突進する小型自動車と同じ衝撃で――うねりをあげ、砕けちってゆくのだとわたしはのちに知った。

そして、大規模な虐殺に向けられた反応もうねりをあげて砕けていく。生き残った者から生まれた小さな波は家族や一族へと広がり、村や町に起きた波はやがて国全体をのみこみ、大陸を横断して海原を越えていく。ひとりの悲しみが大勢の悲しみとひとつになり、怒りや痛みとしてはっきりと感じられる感情に変わっていくが、場合によってはこうした感情がさらに激情へと煽り立てられていくことがある。

太古と現代を結ぶもの

9・11以降を生きるアメリカ人は、日を追って変わっていくこうした感情の変化を目の当たりにしてきた。多くの国で大勢の人たちが、あの火曜日の朝、自分はどこにいて、なにをしていたのか。それを驚くほど鮮明にしかも正確に記憶しているが、これもまた決まり文句のようになってしまった。

わたし自身がどうしていたかと言えば、あの日の朝の九時三十分、一二五名の学生を前にして人類学の授業を始めたばかりだった。マンハッタンやペンタゴンの伝えるニュースがますます厳しいものになっていくことにみな不安を募らせ、授業はいつもよりも早く切り上げた。

わたしたちの悲しみはまさにあの日をさかいに始まったわけだが、では、その悲ししみは前日の九月十日の月曜日にはどこに潜んでいたのだろう。いくつもの小さなさざ波として生まれ、翌日、おそろしいほどの衝撃で爆発するために、ひとつにまとまろうとしていたのだろうか。奇妙な問いかけに聞こえるかもしれない。だが、ゴールドマンの波の研究の文脈にしたがえば、この質問もわたしには意味を帯びてくる。

ゴールドマンは〝オーラの波〟がたどった長い旅路に思いをめぐらした。それはうねりながら荒々しくオーラをのみこみ、最後には死をもたらす激しい水の牽引力だ。波の多くは、数千キロにおよぶ長い距離を旅したのちに海岸で砕けちる。「海原をわたるのは、もちろん水そのものではなく、風のエネルギーである。吹きすさぶ風とともに大波はひたすら突進して、数千キロにおよぶ大海原を数日のうちに進んでいく」とゴールドマンは書いている。

しかし、九月十一日のまえに何日も何時間も時間をかけ、小さな波となって結集していたのは悲しみではなかったとわたしには思える。悲しみではなく、それは亡くした人に向けられた愛——当日の朝、「いってきます」と家族や知人に手を振っていたときに感じた愛おしさ、出がけにキスを交わしたときに感じた愛おしさだったのではないのだろうか。海原で風が波をかり立てるように、愛が悲しみをかり立てていく。

あの日、マンハッタンで最初のタワーが倒壊したとき、フランス生まれのアーティスト、ジャン＝マリー・ハッセルはアップタウンの方角に向かってかけ出していた。

だが、ウォール街までできたところでハッセルは立ち止まり、あたりに降りしきる塵を両手ですくいとっていた。

「そうしなくてはと、ふいにそう思った」とハッセルはニューヨーク・タイムズのインタビューに答えている。「最後にはぼくも死ぬ。塵がぼくの心にそう語りかけた」。

このとき集めた塵は封筒にしまわれ、大切に保管されている。塵はなんでできているのだろう。崩壊したビルの一部であるのはまちがいないが、そのほかにもオフィスに置かれていた什器や書類、ふだん仕事で使っていたさまざまなものが押しつぶされてできた塵だ。しかし、それだけではないだろう。ただ、これ以上こまかに問うことはわたしにはつらくてできそうにもない。何千という数のものをこの事件で失った事実はだれもが記憶にとどめ、この塵が含んでいるものにも気がついているはずだ。ハッセルは自分の個展でこの塵を展示することがあるというが、言葉にはできない強い力を帯びているのを感じているらしい。

わたしには、時を超えて結ばれた目には見えない一本のリボンが、ハッセルという現代のニューヨークで活躍するアーティストと、ロシアのスンギールやイスラエルのカフゼー、スフールに生きていたわたしたちの祖先のあいだに結ばれているように思えてしかたがない。亡き人のために必要な場所をわざわざ用意し、入念な埋葬を行ったり、あるいは遺灰に敬虔な思いを捧げつづけたりすることで、命ある者と死者のかかわりを意味あるかたちに残している。迷宮にも似た記念碑を主都の街につくり、世界中から何百万という数の人びとを集めるのも同じだ。

いずれも徹頭徹尾、人間的な行為であると同時に、人間もまた悲しみを知る社会的な動物から進化をとげた生きものであるからこそ可能な営みなのである。

おわりに

「(悲嘆は) 社会性を有する哺乳類や鳥類に広く生じている現象で、たとえば、親や子孫が死んだとき、つがいの相手を亡くしたときなどにうかがえる」。心理学者のジョン・アーチャーは『悲しみの本質』(*The Nature of Grief*) の最初の一ページにそう記している。

動物の悲しみを正面からとりあげた社会科学の文献は珍しい。アーチャーがこの論文を書いた一九九九年、哺乳類や鳥類の悲しみという情動に向けられた科学的な関心は、現在のような高まりをまだ迎えてはいない。わずか三ページのかぎられた記述だが、アーチャーは忌憚なく自説を繰り広げた。サルや類人猿の母親に見られる死亡した赤ん坊を抱き続ける行為、悲しみに沈む鳥や犬の例、そして母親から切り離された動物の子どもは種を問わず、いずれも激しく苦しんでいるという隔離実験などについて論じられている。

もちろん、この論文には、執筆した時点から現在にいたる十五年分の成果は反映されていない。科学に深い関心を寄せる読者のなかには、動物の嘆きをめぐるアーチャーの自信に満ちた主張と、その根拠のために用意された具体的な事例に落差を感じる方がいても不思議ではないだろう。

掲載されていた具体例は、動物の悲嘆という主張と根拠のあいだに横たわるギャップを埋めることに成功していたのだろうか。もちろん、この問いに対するわたしの答えはイエスだ。とはいえ、紹介されている事例について言うなら、説得力に富む証拠がある一方で、ほどほどのものや説得力に乏しいものもあり、それらについてはきちんと区別しておくことが大切だと考えている。

そして、線引きをする際、基準となりうるのが本書のプロローグで提案した、わたしが理想とする動物の悲嘆に関する定義なのだ。自分にとってかけがえのない仲間と死に別れた動物が、その直後から目に見えて消沈した様子を示していたり、あるいはふだんとは異なる行動におよんでいたりした場合、生き残った側の動物は悲しみに沈んでいる状態にあると言えるだろう。

本書ではこの基準にしたがい、野生に生きる動物の悲しみについて、数多くの説得力に富む具体例を紹介した。ケニアでは、北部のサンブル国立保護区と南部にあるアンボセリ国立公園の二か所で、ふたつのゾウの群れを対象にして長期におよぶ研究が行われ、個々のゾウが仲間の死にどのような反応を示したかが追跡されている。

サンブルの例では、群れのリーダーである雌のエレノアの死に際し、肉親や仲間のゾウは消沈し、行動はいつもとは違っていた。アンボセリでは、かつて群れのリーダーだったゾウの骨を生き残った仲間が鼻でなで回していた。興味深かったのは、サンブルで確認された一例で、わたしの基準では簡単には説明がつかない行動だった。エレノアの死を悼んだ雌のゾウたちだったが、このゾウは生前のエレノアととくに近い関係にあったわけではなかった。

研究チームのリーダー、イアン・ダグラス－ハミルトンは、ゾウに共通してうかがえる「一般的な」死への反応ではないかという仮説を立てている。この仮説が正しければ、ゾウはほかの動物に比べ、ゾウ社会（肉親や群れを基盤にして）全体の個体に対し、その死を悼むという情動的な反応を示しているのかもしれない。これから何年かのち、もしかしたら、これと同様な反応がゾウ以外のほかの動物にも見つかるかもしれない。

悲しみに沈む動物たち

動物の悲しみを考えるとき、野生動物のなかでもゾウほど説得力に富む存在はほかにはないとわたしには思える。ゾウに匹敵する動物といえば、イルカかチンパンジー、あるいは数種の鳥類ぐらいだろうが、イルカの場合、母親が死んだわが子に示す様子は見ていてもこちらの胸が苦しくなるぐらいだ。それほど母イルカの嘆きは深いということなのだろう。

奇妙に思えるかもしれないが、これまでのわたしの経験から言うと、子どもの遺骸を抱えたチンパンジー（やサル）の母親から、これというはっきりとした感情をうかがえることはなかった。しかし、なかにはそれとわかる悲しみを示したチンパンジーもいる。タンザニアのゴンベで見たフローの息子フリント、あるいはコートジボワールのタイの森でティナの弟ターザンの例からわたしたちはそれを知った。つがいとなった鳥の場合、残されたパートナーは、悲しみのあまり深刻な抑うつ状態におちいってしまうことさえある。

しかし、紹介したケースのすべてが、厳密に定めた悲しみの定義をまちがいなく満たしているというわけではない。死んだハニーガールのパートナーと思われるハワイの雄のウミガメ、仲間の骨を調べにきたイエローストーンのバイソンの群れ、悲しみにとらわれている気配は感じさせないまま子どもの亡きがらを運びつづける母ザルなど、こうした例を見ると、悲しみの深さはさまざまだと思えてくるが、だからといって悲嘆にくれているのだと一概に断定はできない。

けれども、こんな場合においても、残された側の動物は、家族や群れの仲間の不在、つがいの相手の不在という状態に観測可能な様子でその行動を変えている。たとえばサルの場合、わたしたちはボツワナのオカバンゴのヒヒでその例を知った。娘のシエラを失い、母親のシルビアは気落ちしていたが、さらにシルビアは、死別を経験した動物によくうかがえる化学的特徴を示していた事実が生理学上のデータによって明らかにされていた。

家庭や農場、サンクチュアリや動物園で、人間と深くかかわりながら生きている動物のなかにもこの定義を満たしているケースがあった。姉妹猫のウィラとカーソン、犬のシドニーとエンジェルの友情など、わたしには悲しみそのものとしてしか思い描くことができなかった。むしろ、こうした例にうかがえる愛と嘆きの深さに圧倒され、きちんと伝えることができなかったのではないかと思えてならない。同じことがウサギや馬などのかずかずの例についても言えるだろう。

保護された二羽のムラードダックのコールとハーパーの例はとりわけ痛ましい。残されたハーパーが友人（とわたしには思える）に向けた愛と悲しみは、こちらに有無を言わせないほど深いものだった。エレファント・サンクチュアリのタラが、友人である犬のベラが死んだときに見せた様子も印象的だった。種がまったく異なる動物のあいだにも深い友情は芽生え、そしてその友情が突然断ち切られたとき、残された側は悲しみに沈む。

動物の悲しみに関しては、これから将来、動物園が主要なデータを提供してくれる場所になるのかもしれない。ただ、現在のところ動物園や同様な施設で記録された資料を見るかぎりでは、ゴリラやチンパンジーの仲間の死をめぐる反応は、「なぜ」に答えるよりも疑問のほうがまさっている。

スコットランドのサファリパークで、雌のチンパンジーのパンジーが息をひきとったとき、なぜ雄のチッピーは遺骸を殴打したのか。飼育されていたゴリラが死んだとき、残された仲間のゴリラは遺骸を目にしていた。それにもかかわらずなにかを探し続けるような様子を示していたが、これはいったいなにを意味しているのだろう。おそらく、ほかのどの動物よりも、人間にきわめて近い生きものであるこのアフリカ生まれの類人猿は、われわれ人間に向かって、悲嘆という反応には大きなばらつきがあるのだと教えようとしているのだろう。野生の群れ（チンパンジーも同じなのだが）であろうと、飼育されている環境であろうとそれは変わらない。

答えを見出せない点では、動物の自殺をめぐる疑問が突出している。本文で紹介したクマやイルカが負っていた苦悩は、愛するものを失った嘆き、逃れられない苦境に置かれたわが身への激しい悲しみを動物もまた負っているのかもしれないという事実をまざまざと感じさせた。かりに動物が自殺するにしても、科学はこれまで動物が自殺すること自体の可能性について検討することもなければ、原因について探ってみることもなかった。

“単なる物”から“生きている者”へ

わたしたち人間は、「ヒト」という種独特の方法で嘆き悲しんでいる。最後のふたつの章では、人間においては喪失の悲しみが芸術に向けられること、そして何千年、何万年という時間をかけて、埋葬の儀式や死にかかわるしきたりを整えた点について触れた。

けれど、わたしにとってとりわけ大切なのは、人間のこうした特異性などではなく、人間以外の生きものもまた家族や仲間を愛し、その死を嘆き悲しんでいるのだという点なのだ。そして、本書でわたしが変わらずに唱えてきたように、この考えを動物の情動の複雑さを推しはかるリトマス紙として使ってはならない。

犬が悲しんでいたとしても、それはその犬ならではの個性であり、どんな環境のもとで生きているかによるものなのだ。だから、なかには悲しみには縁がない犬も存在する。同じことは、人間にもそれとわかる様子で悲しむチンパンジーやほかの動物にも言えるだろう。つまり、動物にうかがえる感情表現は、個体を超え、その種全体に対して無条件で一般化できるものではないのだ。人間の感情表出をめぐっても同様なことが言えるだろう。

この「おわりに」を書くに際し、わたしは動物たちの嘆きをめぐる話をあらためて読み返してみたが、調べたり、書いていたりしたときに感じた圧倒的な喜びが、悲しみを交えてふたたびよみがえってきた。この悲しみは、わたしが動物の感情生活に深くかかわった結果にほかならないが、それほど動物たちの感情の底には悲しみの経路がはりめぐらされている。そして、悲しみはこの経路を通してつかの間顔をのぞかせることもあれば、時には長い時間にわたってとどまり続ける場合もある。

しかし、悲しみにくれる一方で動物には喜びがある。わたしは、動物たちの愛着の深さについて発見することができた。動物に向けられた自分のまなざしが三年前と違っていたのもそのせいなのだろう。これまでに書いた本に比べ、本書では動物の王国をさらに広く見渡せる目が必要だった。そして、その見返りは十分手にすることができた。

動物にも感情が存在すること、とりわけ農場に生きる動物に顕著だったと知ることで自分の仕事は報われた。この事実は、動物のほとんどに感情が存在することを意味しているが、見出された感情は、予想をうわまわるさらに複雑なものだった。

友人や親戚、研究者仲間、あるいはこれまでは本を通じてしか知らなかった人たちと同じ話題（なかには動物の悲しみとは言えない例もあったが）を語り合えたのもうれしい体験だった。動物の愛や悲しみをどう受けとめ、それをどのように説明して分析すればいいのか。その方法をいっしょに模索する作業を通じて、わたしたちはさらに強く結びついていった。

時には反論にも教えられることが少なくなかった。NPR（ナショナル・パブリック・ラジオ）のブログ13・7で「動物の愛」をテーマにしたとき、「動物は愛を感じることはできるのか」と質問を立てることはせず、そのかわり「人間は動物が秘めている愛をどうすれば知ることができるのか」とわたしはたずねた。この問いにさまざまなアイデアと具体例を寄せてもらったが、そのなかに、「動物の愛を特別視する必要などないのではないか」という意見があった。

トレナ・グラベムからは、「どうして愛の意味を定めなくてはいけないの。愛について頭を使いすぎるし、あれこれいじりまわしすぎ。そうではなくて、だれかを愛せること、人に愛してもらえることにわたしたちはもっと感謝すべきなの。言うまでもないけれど、そのなかには動物たちも含まれている。こんなことを知っているのが、子どもだけというのはやはり悲しいわ」という意見が寄せられた。メグ・アヒアはこう書いていた。「どの動物も自分なりのやり方で相手の思いや愛を受けとめている。そういう前提で始めていきたい」。

こうした意見にも説得力はあるし、その立場は複雑な動物の感情表現に対して素直に向き合おうとするものだ。しかし、研究者としてのわたしには譲ることができない一線がある。それは、仲間に向け、積極的な行為や思いやりが観察されたからとはいえ、これを愛情表現と考えたり、あるいは遺骸を前にして、なんらかの感情がうかがえるから悲しんでいるのだと考えたりするのでは、わたしたちが本当に理解したいと願う現象について、底の浅い観察に終わってしまう危うさがあるからなのだ。これでは研究を深めていくことはできない。

本書に書かれた考えや疑問について、ほかの人たちの手によってさらに検討していただけることをわたしは願っている。動物それぞれに現れる悲しみとそうではない現象に対し、さらに見極めてみたいと熱心にかかわっていただけるような方たちだ。動物の愛と悲しみに関するわたしの定義自体も見直す余地はあるだろうし、あらたな視点から疑問を提示してもらい、それについても定義として検討を加えてみてもらいたい。

大切なのは話し合いを続けることなのだが、動物への理解を通じて人間そのものに向けられた関心が深まるにしても、理論的な課題については衆知を集めたほうが望ましいだろう。動物がどれほどの深さで考え、感じているのかを知るのは、大は社会の問題として、小は個人の問題として、生きものをどのように扱えばいいのかあらためて問い直すことを意味している。愛した相手の亡きがらを生き残った側の動物に見せる意味についてはすでに触れたが、こうした試みを通じて、動物の考え方、感じ方がわかるようになるばかりか、嘆き悲しむ当の動物にふさわしい同情と対応を差し出すことができるようにもなる。

ここでふたたび、喜びや悲しみが響きあうテーマが登場する。野生に生きる動物、農場に生きる動物、サンクチュアリ、動物園にいる動物、家庭で飼われている動物――かたちこそ異なるが、人間のネグレクトや虐待が原因で、きわめて苦しい思いを強いられている動物が存在する事実であり、そうした情況はいまも変わらずに続いているのかもしれない。動物を愛する人たちにとっては心が重い現実だ。しかし、そうであっても、この悲しみを喜びに変える余地はある。わたしたちが変化を起こすことで、事態を一八〇度好転させられるかもしれない。ファーム・サンクチュアリが教えるように、動物を〝単なる物〟ではなく〝生きている者〟として扱うのだ。

動物たちの悲しみを知るということ

この文章の最後は、わたしの個人的な話に触れて終わりにしたい。

二〇〇五年、恒例となっているＮＰＲの公募エッセイ「わたしが信じるもの」の一環で、「葬儀にはいつも参列する」という投稿がラジオで読み上げられた。エッセイのなかで作者のディアドラ・サリバンはこう触れている。自分がまだ十代のときのことだが、小学生のころの恩師が亡くなった。そのとき、ぜひ葬儀に参列するようにと両親からしつこいほど勧められたという。参列して恩師の遺族にお悔やみの言葉をなんとか伝えはしたものの、若い自分にはただ恥ずかしいばかりだった。

しかし、やがて自分はそんなふうにしつけてくれた両親に感謝するようになった。人にとってはきわめて深い意味をもつ行いについて、たとえそれが自分にとって気まずかったり、不都合であったりしても、そんなことはまったく問題ではないと思えるようになったと言う。エッセイはこう締めくくられていた。

三年前の四月、寒い夜のことだった。ガンを病んでいた父は静かに息をひきとった。葬儀は水曜日、平日のさなかに行われたが、わたしはすっかり途方にくれていた。葬儀の最中ふとうしろをふりかえり、参列してくれていた人の姿を見た。そのときのことを思い返すといまもわたしは胸が熱くなる。そこに座っていたのは、これまでわたしが目にしたなかでもっとも頼もしく、そしてもっとも慎ましやかな人たちだった。水曜日の午後三時、週日の多忙をきわめた時間でありながら、それでも故人をとむらおうとする人たちで教会は埋まっていた。

わたしの父もまた四月の夜に息をひきとった。一九八五年、父は六十歳だった。父が最初についた仕事は第二次世界大戦中の海軍で、除隊後、消防士、それからニュージャージーの警察官として何十年も働き、組織犯罪と戦った。人に尽くした生涯だったと思う。葬儀の最中、父のかつての同僚たちが空に向かい弔銃を斉射してくれたとき、わたしはこらえきれずに泣いていた。

だがこの日、わたしの心に一番焼きついたのは厳粛な追悼の儀式ではなかった。それは、春の好日をおしてまで、大勢の人たちが集まってくれたことであり、わたしたち遺族と席を並べ、心からの言葉で父を讃えると同時に、残された母とわたしを励ましてくれたことだった。

五十代なかばで悲しみをテーマとした本を書こうとしたのは、単なる偶然ではなかったとわたしには思えてくる。前に書いた本の下調べで、死に対して動物がどんな感情的な反応を示すのか、そのために必要なことこまかな証拠をめぐって壁に当たり続けたのも事実だ。その意味では、本書は二冊の前著を書いた際にまいた種が、自然に成長をとげた結果なのかもしれない。

しかし、ほかにも理由はある。ベビーブーマーという大きなうねりのなかで、そのひとりとして生まれ、同世代の者たちの多くがいまリタイアの年を目前に迎え、あるいはすでに引退した者がいる。わたしのひとり娘はいま大学生だ。母は介護に支えられて生活をしている。八十四歳のときに緊急手術を受け、からくも一命はとりとめたが、以来、これまでにも増して細心のケアが必要なことは母本人にもよくわかっている。いまは八十六歳だが、自身の母親と同じ百歳まで生きるかもしれないし、それよりも前に逝ってしまうかもしれない。

わたしが幼かったころを除けば、母の人生とわたしの人生は、以前のように固く結びついたものではない。ただ、似たような年齢の友人と話をすると、話題はやがて老いた両親のことへと変わっていく場合が少なくない。父親や母親に対して、だれもがそれぞれの方法で気をつかい、同じように心配して、同じように疲れもしているが、もちろん満足は覚えている。母が滞在する病院や介護つきのリハビリセンター、それに老人ホームについてあれこれ交渉をしていると、自分は母親を深く愛しているのだとつくづく感じるが、その思いにはやがて訪れる悲しみが入り交じっている。

このところ身近な人間のあいだで、逃れようのない悲しみにとらわれた人たちの話をよく耳にするようになった。知人のひとりは、母親がガンとの長い闘病のすえ、九十歳の誕生日を目前にして亡くなった。別の知人の八十代の父親は、激しく体力を落としてあっという間に息をひきとった。その死が本人の意志によるものだと知人が固く信じているのは、父親が食事を口にするのを頑として拒みつづけたからである。クリスマスの直後、十七歳の息子をむごたらしい車の事故で失った友人がいる。その友人のことを思って、わたしは心の底から悲しんだが、なにも慰めにならないのは自分でもわかっていた。わたしができるのは、母親が息子に向けた愛おしさをともに分かつことであり、その愛は息子の死後も生きながらえて尽きることはないだろう。

動物も愛を抱き、喪失の悲しみにうちひしがれていると知ったところで、心の奥底に抱えたわたしたちの嘆きがやわらぐというわけではない。しかし、わたしたちの嘆きが少しおさまりかけたとき、あるいはなんとか持ちこたえられそうなとき、人と動物がどれほど似たような部分を抱えているのかと知ることは、まぎれもない慰めとなるのではないだろうか。

本書で紹介した動物たちの物語にわたしは希望と慰めを見つけよう。そして、みなさんにも希望と慰めが見つかりますように。

謝辞

本書の執筆に際し、面談の機会を設けていただいた方々にまず心からのお礼を申し上げたい。カレン・フローとロンのご夫妻、ヌアラ・ガルバリ、ジャネール・ヘリング、チャールズ・ホッグ、コニー・ホスキンソン、デビッド・ジャスティス、メリッサ・コホウト、ジーン・クレインズ、ミッシェル・ニーリイ、メアリー・ステイプルトン、リンダ・ウーリッヒとリッチのご夫妻——みなさんが生活をともにされる動物、あるいはかつてともにされた動物のお話を聞かせていただくことができた。

動物の悲しみに関する体験について、ブログ13・7「コスモス&カルチャー」のわたしの寄稿にご意見をお書きくださった方たちにもお礼を申し上げる。また、ナショナル・パブリック・ラジオ（NPR）のウエブサイトで、このブログを担当するライト・ブライアンには数多くのアドバイスをいただき心から感謝している。

わたしの質問に対して惜しみないご返事をお寄せいただき、資料などを快くご提供してくれた研究者、動物園のスタッフの方たち——カレン・ベールルズ、タイラー・バリー、マーク・ベコフ、メラニー・ボンド、ライアン・バーク、ドロシー・チェイニー、ジェーン・デズモンド、アン・エング、シャン・エバンズ、ピーター・ファッシング、ダイアン・フェルナンデス、ローズアン・ジアンブロー、リラン・サムニ、カレン・ウェイジャー－スミス、ラリー・ヤング――以上の各氏にも深くお礼を申し上げる。

テネシー州のエレファント・サンクチュアリ、ファーム・サンクチュアリ、アメリカ飼いウサギ協会から提供していただいたのは、仲間を失った動物の悲しみに関連する資料だった。いずれの団体も、筆者ばかりか、本当に助けを必要としている数千という動物に対して救いの手をさしのべている。ここで働くスタッフには謝辞とともに衷心からの賞賛を捧げる。

ウィリアム・アンド・メアリー大学の研究休暇制度を利用して、資料の精読と執筆を進めることができた。学務担当副学長のマイケル・ハロラン、研究情報交換の担当官ジョセフ・マクレーン、それから同僚の人類学者であるダニエラ・モレッティ－ランゴルツの厚情に対しては、わたしも霊長類最上の礼をもって感謝の意を表したい。

すでに数年前の話になるが、マンハッタンの版権代理会社、レバイン－グリーンバーグでテーブルを囲んで打ち合わせたことがいい思い出になっている。本書について（といってもまだほんのアイデアの段階だった）、ジム・レバインとリンゼイ・エッジコームらと忌憚のない意見を交わすことができた。本書をこうして刊行できたのも、リンゼイとジムのふたりが「動物の悲しみ」という言葉の背後に込められた思いを心から信じ、また限りない助力を本づくりにささげてくれたおかげだった。

刊行に際しては、ニーリム＆ウィリアムズ・エージェンシーのジル・ニーリムからもすばらしい助言と協力が寄せられた。動物の感情生活を描くという今回の試みに、正面から取り組むことができたのもこうしたアドバイスのおかげである。

シカゴ大学出版局のスタッフと仕事ができたのは、終始変わらない知的な喜びであるとともに、わたし自身このうえない楽しい経験となるものだった。クリスティー・ヘンリーがさかんに口にしたのは――ベストのタイミングでベストの仕事をなしとげる――編集にかかわるこの見識のおかげで、少なくとも十通りにおよぶ方法で本書を格別な一冊にしあげることができた。また、出版局のレビ・シュタール、ジョエル・スコア、エイミー・クライナックの三人にもたいへんお世話になった。あらためてお礼を申し上げたい。

スチュアート・シャンカーへ――あなたといっしょに仕事を始め、たがいに助け合い、子どものこと、ニワトリ、猫の話を交わし合うようになって本当にもう何年になるのだろう。あなたとの変わらない友情がわたしにとってどれほどかけがえのないものか、これからもどうぞ変わらずに心にとめておいてほしい。

最後に家族について謝意を述べ、一文を結ぶという慣例にわたしもならうことにしよう。わたしの家族は、夫のチャールズ・ホッグ、娘のサラ・ホッグ、母のエリザベス・キングのささやかな一家だ。まず母に。これまでわたしに授けてくれたすべてにありがとうと言いたい。小さなころから何十冊、何百冊という本を与えてもらい、読書の楽しさを教えてくれたのも母だった。

ひとり娘のサラとは動物のこと（サー・ランスロットの件もね）、執筆のこと、そして自分がどうしても譲ることのできないもの（や、もちろん人間も）について、時には大まじめに、時には大笑いしながら話を交わしている。あなたとのこうした会話はこれからもずっと大切にしたい。そして、チャールズに。あなたにはいつも驚かされどおしだが、一九八九年、運命的に出会ったあの秋からあなたへの思いは変わらない。動物に向けられた愛情を目の当たりにすると、あなたへの愛おしさもますます深くなっていく。

さて、ここまではホモ・サピエンスへの謝辞である。わたしの一家は以上の三人だけではない。何年にもわたってわたしの愛に報いてくれた生きもののすべてに（猫、犬、ウサギたちへ）、そしてわたしに対してほのかな友情を抱いていた動物、あるいは関心などまったく示そうとしなかったすべての動物たちにも感謝の意を捧げる。サルや類人猿、バイソン、カエル、鳥などなど――みんな本当に素敵で愛らしかった。

あなたたちの豊かな感情世界に足を踏み入れることは大きな喜びだった。大きな責任が伴う仕事だったが、大切な役割をきちんと果たせたものと願っている。

訳者あとがき

本書は、ウィリアム・アンド・メアリー大学教授バーバラ・J・キングの *HOW ANIMALS GRIEVE*（The University of Chicago Press, 2013）の全訳である。著者にとってはこれが初の邦訳書になる。

キングが教壇に立つバージニア州のウィリアム・アンド・メアリー大学は古い歴史をもつ学校で、アメリカではハーバード大学につぐ最古の大学といわれる。独立宣言の起草で知られるトーマス・ジェファーソンはここで哲学を学んだ。創立は一六九三年、イングランド国王ウィリアム三世と女王メアリー二世の勅許によって建学された。日本では徳川綱吉が五代将軍にあったころで、牛馬や犬、鳥類の保護を命じた殺生禁止令、いわゆる生類憐みの令にかかわるお触れがつぎつぎに出されていた時代に重なっている。

さて、この大学で自然人類学を教えているキングは、サルと類人猿の研究をきっかけに、動物がもつ情動反応や知性について調べるようになった。

お読みいただいておわかりのように、本書では動物にうかがえる情動反応をめぐり、「悲しみ」「悼み」「嘆き」「喜び」さらに「愛」「自殺」などの言葉がたびたび登場している。努めてこうした言葉を用いているのではないかという印象を覚えるほど頻繁に登場する。もちろん、レトリックとして使われているわけではない。キングは、数多くの実例に即しながら、これらの言葉をあえて用いることで動物の愛着行動の考察を試みているのだ。いわば確信犯的に使われている言葉なのである。

多くの人にとって、科学は客観性と同じ意味を帯びている。研究対象には冷静に向き合い、人間の感情を投影するのはできるだけ排する方法こそ正しいかかわり方だと考える人も少なくない。まして、対象が人間と意思を交わす言葉をもたず、どのような内的世界を抱えているのか皆目見当もつかない動物ならなおさらだろう。

だが、仲間の死に向けられた動物の反応について、かずかずの観察例を調べたキングは、動物の行動それ自体、つまり目に見える行動を厳密に研究しようという行動主義に固執しつづける姿勢に疑問を抱くようになった。動物には人に劣らない感情や知性がそなわっているのではないのか。

プロローグにある動物の悲嘆をめぐる定義にはキングのこうした考えが顕著にうかがえるはずだ。そして、動物の自殺をテーマにした第11章では次のように断言さえしている。

母グマの行動に関して、目的や動機、感情をいっさい交えてはならないことも重要だ。動物の行動を論じる際、それが正しい方法だと大学院では教えられた。しかし、本書でこうして試みているように、わたしはもはやそうした方法で動物について書いてはいない。だから、この母グマの件についてはもうひとつ別の書き方ができるだろう。

原書の刊行からしばらくしたころ、キングは雑誌サイエンティフィック・アメリカン（二〇一三年七月号）に論文を寄稿した。本書の梗概書に相当するような論文で、動物の哀悼感情をめぐるキングの考え方が数点の写真をもとに説明されている。掲載されたタイトルとリードは、

動物行動学「動物たちが死を悼むとき」（*When Animals Mourn*）
愛する相手を亡くして嘆いているのは人間だけではない。猫からイルカまで、おびただしい数の観察例がそれを示唆している。

論文の冒頭では、本書の第9章に登場するアンフラキコス沖で観察されたバンドウ

イルカの例が触れられており、そこでは「母イルカは、死んだ子どもを本当に悲しんでいるのだろうか。十年前のわたしなら〝ノー〟と言っているはずだ。動物の認知と情動を研究する自然人類学の研究者のひとりとしては、母イルカの行動には胸が痛むと認めても、子どもの死を悼んでいると解釈することには抵抗していたにちがいない。動物行動学の学者の多くがそうであるように、わたしもこれらの反応については〝他者の死に対する変化行動〟といった中立を担保する言葉で記述するようにしこまれてきた」と記されている。

こうしたキングの考えに変化をうながしたのが本書の執筆のために費やされた二年間だった。契機となったのは、ジェーン・グドールのチンパンジーの研究、タンザニアにおけるシンシア・モスのゾウの研究という、フィールドで目をこらしつづけた研究者の報告書だった。

さらにこの論文では、悲嘆の起源を理解するために三つ要点が掲げられている。

・動物行動学者は、動物が示す行動、たとえば仲間の死に対する悲嘆について、人間の感情を重ねることを伝統的に避けてきた。

・しかし、イルカからカモにいたるさまざまな種におよぶ動物が、近親の死や近しい仲間の死を悼んでいることを示す報告があいついでいる。

・以上の観察例からうかがえるのは、人間は他者の死を人間特有の方法で悼んでいるが、人間がそうやって他者の死を哀悼できる能力は、進化に深く根差しているということである。

この要点を支える事例を多岐にわたって紹介し、さらに読み物としてもきわめて深い興味をたたえているのが本書『死を悼む動物たち』である。

猫や犬などの身近な動物にはじまり、馬やイルカ、ゾウ、霊長類など、仲間や血縁の死を目の当たりにしたさまざまな動物の驚きに満ちた話がつぎつぎに登場する。わが子の死骸を手ばなさないサルの母親のように、人間の安易な解釈をはねつけるような例から、人間が想像するよりもはるかに濃密な思いを交わしていると思われるクマのケースにいたるまで、動物にうかがえる豊かで切ない感情生活が惜しみなく紹介されている。

人が他者の死を悼むことができる能力も、単なる情緒の反応ではなく、進化のうえに築かれたものだとキングは説いている。だから、肉親や知人だけではなく、人間は見も知らぬ人の死にさえ嘆くことができるのだ。シンボルにとんだ葬儀はもちろん、芸術などの表現行為にも明らかにそれがうかがえる。遺体に赤い代赭石を振りまいた太古のむかしから現代のモニュメントにいたるまで、そこに込められているのは死を悼む人間ならではの苦悩と悲しみである。

こうした視点に立つキングだから、スンギール遺跡から出土した象牙のビーズに、先史時代に生きた祖先の悲しみの痕跡を読みとれるのだろう。プロローグで、本書の執筆が動物と人間の二本の柱のあいだにわたされた綱のうえを歩くようなものだと書いたキングだが、その綱には綿々とつづく悲しみの太い糸が撚《よ》り合わされていた。悲しむ能力において、人間と動物の姿は重なる。本書の「おわりに」では、その共有部分にキングは悲しみの救いを見出しているが、動物の悲しみに救いを見出すまさにその点で、本書はやはり人類学者が書いた人間の悲嘆をめぐる本なのだと考えることもできるだろう。

本書の編集を担当していただいた草思社取締役編集部長の藤田博氏に改めて感謝の意を表したい。氏との打ち合わせの場所となった東京杉並区の阿佐ヶ谷は町猫で知られ、商店街の軒先や日だまりでは人なれした猫たちが眠りこけている風景も珍しくはない。愛想のいい猫も多く、近寄っても逃げもせず、なでればゴロゴロとのどを鳴らしてくれる猫もいる。猫好きにはたまらない町である。

本書の第1章で告白しているように、キングは大の猫好きで、自宅には保護した猫の専用シェルターが建てられている。本書の執筆当時、自身のブログには猫を抱いたキング本人の近景がアップされていた。

二〇一五年、キングは長く務めたウイリアム・アンド・メアリー大学を退官、現在は同大学の名誉教授となった。また、本書について言えば、日本語版のほかにも、フランス語、ポルトガル語、ヘブライ語にも翻訳されている。二〇一七年三月には最新作の *PERSONALITES ON THE PLATE: THE LIVES & MINDS OF ANIMALS WE EAT* がシカゴ大学出版局から刊行された。

訳者

二〇一七年八月

Henshilwood, C. S., F. d'Errico, K. L. van Niekerk, Y. Coquinot, Z. Jacobs, S.-E. Lauritzen, M. Menu, and R. Garcia-Moreno. "A 100,000-Year-Old Ochre-Processing Workshop at Blombos Cave, South Africa." *Science* 334 (2011) : 219-222.

Volk, Tyler. *What Is Death? A Scientist Look at the Cycle of Life.* New York: John Wiley and Sons, 2002. p. 83より引用。

VIDEO/PHOTO：Amos, Jonathan. "Ancient 'Paint Factory' Unearthed." BBC News: http://www.bbc.co.uk/news/science-environment-15257259.

おわりに

Archer, John. *The Nature of Grief: The Evolution and Psychology of Reactions to Loss.* New York: Routledge, 1999. p. 1より引用。

Sullivan, Deirdre. "Always Go to the Funeral." http://thisibelieve.org/essay/8/.

Didion, Joan. *The Year of Magical Thinking.* New York: Knopf. 2005. p. 27より引用。（邦訳『悲しみにある者』池田年穂訳、慶応義塾大学出版会、2011年）

Goldman, Francisco. *Say Her Name.* New York: Grove Press, 2011. p. 43-44, 240-241より引用。

Lewis, C.S. *A Grief Observed.* New York: HarperOne. 1961. p. 6, 9-10, 18, 25, 54, 72より引用。（邦訳『C.S. ルイス宗教著作集6 悲しみをみつめて』西村徹訳、新教出版社、1994年）

Oates, Joyce Carol. *A Widow's Story.* New York: Ecco, 2011. p. 105, 275より引用。

Rosenblatt, Roger. *Kayak Morning.* New York: Ecco, 2012. p. 143より引用。

Rosenblatt, Roger. *Making Toast.* New York: Ecco, 2010. p. 32-33より引用。

Saunders, Frances Stonor. "Too Much Grief." *Guardian,* August 19, 2011. http://www.guardian.co.uk/books/2011/aug/19/grief-memoir-oates-didion-orourke.

Volk, Tyler. *What Is Death? A Scientist Looks at the Cycle of Life.* New York: John Wiley and Sons, 2002. p. 84-85より引用。

VIDEO：Gombe chimpanzees at waterfall, narrated by Jane Goodall: http://www.janegoodall.org/chimp-central-waterfall-displays.

第15章 先史時代の悲しみ

Bar-Yosef Mayer, Daniella, Bernard Vandermeersch, and Ofer Bar-Yosef. 2009. "Shells and Ochre in Middle Paleolithic Qafzeh Cave, Israel: Indications for Modern Behavior." *Journal of Human Evolution* 56 (2009) : 307-314.

Formicola,V., and A.P.Buzhilova. "Double Child Burial from Sunghir (Russia) : Pathology and Inferences for Upper Paleolithic Funerary Practices." *American Journal of Physical Anthropology* 124 (2004) : 189-198. p. 189より引用。

Goldman, Francisco. *Say Her Name.* New York: Grove Press, 2011. p. 306, 313より引用。

第12章　霊長類の嘆き

Anderson, James R., Alasdair Gillies, and Louse C. Lock. "*Pan* Thanatology." *Current Biology* 20 (2010) : R349-351, quoted material from p. R350.

Goodall, Jane van Lawick. *In the Shadow of Man*. New York: Dell, 1971, p. xi より引用。

Teleki, G. "Group Response to the Accidental Death of a Chimpanzee in Gombe National Park, Tanzania." *Folia primatologica* 20 (1973): p. 81-94. p. 84, 85, 89, 92, 93より引用。

第13章　死亡記事と死の記憶

Berger, Joel. *The Better to Eat You With: Fear in the Animal World.* Chicago: University of Chicago Press, 2008. p. 117より引用。

Bradbury, Ray. *Dandelion Wine.* New York: Doubleday, 1957.（邦訳『文学のおくりもの１たんぽぽのお酒』北山克彦訳、晶文社、1971年）

Desmond, Jane. "Animal Deaths and the Written Record of History: The Politics of Pet Obituaries." In *Making Animal Meaning,* edited by Georgina Montgomery and Linda Kaloff. p. 99-111. East Lansing: Michigan State University Press, 2012. p. 99, 100, 103, 104より引用。

Lott, Dale F. *American Bison: A Natural History.* Berkeley: University of California Press, 2002. p. 4より引用。

Whittlesey, Lee H. *Death in Yellowstone: Accidents and Foolhardiness in the First National Park.* Lanham, MD: Roberts Rinehart, 1995. p. 4, 30より引用。

PHOTO：Martha Mason in her iron lung: http://www.nytimes.com/2009/05/10/us/10mason.html

第14章　文字につづられた悲しみ

Archer, John. *The Nature of Grief: The Evolution and Psychology of Reactions to Loss.* New York: Routledge. 1999.

VIDEO *CBS Sunday Morning,* "The Common Bond of Animal Odd Couples": http://www.cbsnews.com/video/watch/?id=7362308n&tag=contentMain;contentBody.

PHOTO Tinky the cat at the piano: http://www.barbarajking.com/blog.htm?post=801721.

第11章　自殺する動物たち

ABC Science. "Lemmings Suicide Myth." April 27, 2004. http://www.abc.net.au/science/articles/2004/04/27/1081903.htm.

Bekoff, Marc. "Bear Kills Son and Herself on a Chinese Bear Farm." http://www.psychologytoday.com/blog/animal-emotions/201108/bear-kills-son-and-herself-chinese-bear-farm.（リンク切れ）

Birkett, Lucy, and Nicholas E. Newton-Fisher. "How Abnormal Is the Behaviour of Captive, Zoo-Living Chimpanzees?" *PLoS ONE* 6 (2011) : e20101. doi:10.1371/journal.pone.0020101.

Bradshaw, G. A., A.N. Schore, J.L. Brown, J.H. Poole, and C. J. Moss. "Elephant Breakdown." *Nature* 433 (2005) : 807.

Guardian. "Dolphin Deaths: Expert Suggests 'Mass Suicide.' " June 11, 2008. http://www.guardian.co.uk/environment/2008/jun/11/wildlife.conservation1.

Karmelek, Mary. "Was This Gazelle's Death an Accident or a Suicide?" http://blogs.scientificamerican.com/anecdotes-from-the-archive/2011/05/24/was-this-gazelles-death-an-accident-or-a-suicide/.

King, Barbara J. "When a Daughter Self- Harms." http://www.npr.org/blogs/13.7/2012/07/12/156550195/when-a-daughter-self-harms.

Poulsen, Else. 2009. *Smiling Bears: A Zookeeper Explores the Behavior and Emotional Life of Bears.* Vancouver: Greystone Books. p. 208-209より引用。

木めぐみ訳、草思社、2008年)

Ritter, Fabian. "Behavioral Responses of Rough-Toothed Dolphins to a Dead Newborn Calf." *Marine Mammal Science* 23 (2007) : p. 429-433. p. 430, 431より引用。

Rose, Anthony. "On Tortoises Monkeys & Men." In *Kinship with the Animals*, edited by Michael
Tobias and Kate Solisti-Mattelon. Hillsboro, Oregon: Beyond Words Publishing, 1998.
http://goldray.com/bushmeat/pdf/tortoisemonkeymen.pdf.

VIDEO：Male sea turtle at memorial for Honey Girl: http://www.youtube.com/watch?v=qkVXucG1AeA.

VIDEO：Dolphin-whale play: http://www.youtube.com/watch?v=lC3AkGSigrA.

VIDEO：Still photographs and video related to whale mourning/whale strandings: http://www.youtube.com/watch?v=XaViQ7FHJPI.

第10章　悲しみは種を超えて

Elephant Sanctuary. Account of Bella's death. http://www.elephants.com/elediary.php (begin at entry for October 24, 2011).

Holland, Jennifer. *Unlikely Friendships: 47 Remarkable Stories from the Animal Kingdom.* New York: Workman Publishing, 2011.(邦訳『びっくりどうぶつフレンドシップ』畑正憲訳、飛鳥新社、2013年)

Pierce, Jessica. *The Last Walk: Reflection on Our Pets at the End of Their Lives.* Chicago: University of Chicago Press, 2012. p. 220, 199より引用。

Zimmer, Carl. "Friends with Benefits." *Time*, February 20, 2012, p. 34-39.

PHOTO Tarra and Bella together: http://www.elephants.com/Bella/Bella.php.

VIDEO Polar bears and dogs playing:
http://www.dailymotion.com/video/x3ag9o_polar-bears-and-dogs-playing_animal.

第8章 愛と神秘を語る鳥たち

Barash, David. "Deflating the Myth of Monogamy." *Chronicle of Higher Education*, April 21, 2001.

Heinrich, Bernd. *Mind of the Raven*. New York: Ecco, 1999.

Heinrich, Bernd. *The Nesting Season: Cuckoos, Cuckolds, and the Invention of Monogamy*. Cambridge: Belknap Press, 2010. p. 26より引用。

Marzluff, John M., and Tony Angell. *Gifts of the Crow: How Perception, Emotion, and Thought Allow Smart Birds to Behave Like Humans*. New York: Free Press, 2012. p. 141, 146より引用。

Marzluff, John M., and Tony Angell. *In the Company of Crows and Ravens*. New Haven: Yale University Press, 2005. p. 187, 195より引用。

VIDEO：The storks Rodan and Malena (narration in Fench) : http://videos.tf1.fr/infos/2010/love-story-au-pays-des-cigognes-5786575.html.

第9章 嘆きの海に生きる

ABC News. "Whales Mourn If a Family Member Is Taken: Scientists." August 20, 2008. http://www.abc.net.au/news/2008-08-10/whales-mourn-if-a-family-member-is-taken-scientists/470268.

Bearzi, Giovanni. "A Mother Bottlenose Dolphin Mournig Her Dead Newborn Calf in the Amvrakikos Gulf, Greece." Tethys Research Institute report (with photo). http://www.wdcs-de.org/docs/Bottlenose_Dolphin_mourning_dead_newborn_calf.pdf.

Evans, Karen, Margaret Morrice, Mark Hindell, and Deborah Thiele. "Three Mass Whale Strandings of Sperm Whales (*Physeter macrocephalus*) in Southern Australian Waters." *Marine Mammal Science* 18 (2002) : 622-643.

Klinkenborg, Verlyn. *Timothy, or Notes of an Abject Reptile*. New York: Vintage Books, 2007.（邦訳『リクガメの憂鬱：博物学者と暮らしたカメの生活と意見』仁

Shimomura. "Carrying of Dead Infants by Japanese Macaque (*Macaca fuscata*) Mothers." *Anthropological Science* 117 (2009) : 113-119.

VIDEO：*Clever Monkys*, narrated by David Attenborough (segment on toque monkeys starts at 1:15) : http://www.youtube.com/watch?v=VaiFfSui4oc.

第７章　チンパンジーのやさしさと残酷さ

Anderson, James R. "A Primatological Perspective on Death." *American Journal of Primatology* 71 (2011) : p. 1-5. p. 2より引用。

Biro, Dora, Tatyana Humle, Kathelijne Koops, Claudia Sousa, Misato Hayashi, and Tetsuro Matsuzawa. "Chimpanzee Mothers at Bossou, Guinea Carry the Mummified Remains of Their Dead Infants." *Current Biology* 20 (2010) : R351-R352. p. R351より引用。

Boesch, Christophe, and Hedwige Boesch-Achermann. *The Chimpanzees of Tai Forest.* Oxford: Oxford University Press, 2000. p. 248-249より引用。

Goodall, Jane van Lawick. 1971. *In the Shadow of Man.* New York: Dell. p. 236より引用。（邦訳『森の隣人：チンパンジーと私』河合雅雄訳、朝日新聞社、1996年）

Goodall, Jane. *Through a Window.* New York: Mariner Books, 1990. p. 196-197より引用。（邦訳『心の窓：チンパンジーとの三〇年』高崎和美ほか訳、どうぶつ社、1994年）

King Barbara J. "Against Animal Natures: An Anthoropologist's View." 2012. http://www.beinghuman.org/article/against-animal-natures-anthropologist's-view.

Sorenson, John. *Ape.* London: Reaktion Books, 2009. p. 70, 85より引用。

VIDEO Chimpanzee attack on Grapelli, narrated by David Watts: ("Gang of Chimps Attack and Kill a Lone Chimp"; attack itself begins around 3 minutes in) : http://www.youtube.com/watch?v=CPznMbNcfO8.

VIDEO Chimpanzee attack, narrated by David Attenborough: http://www.youtube.com/watch?v=a7XuXi3mqYM&feature=fvst.

McComb, Karen, Lucy Baker, and Cynthia Moss. "African Elephants Show High Levels of Interest in the Skulls and Ivory of Their Own Species." *Biology Letters* 2: (2005) p. 2-26.

Moss, Cynthia. *Elephant Memories: Thirteen Years in the Life of an Elephant Family*. New York: William Morrow and Company, 1988. p. 270より引用。

VIDEO：Amboseli elephants' response to a matriarch's bones: http://www.andrews-elephants.com/elephant-emotions-grieving.html.

第6章 死んだ子ザルを手放せない

Bosch, Oliver J., Hemanth P. Nair, Todd H. Ahern, Inga D. Neumann, and Larry J. Young. "The CRF System Mediates Increased Passive Stress-Coping Behavior Following the Loss of a Bonded Partner in a Monogamous Rodent." *Neuropsychopharmacology* 34 (2009) : p. 1406-1415.

Cheney, Dorothy L., and Robert M. Seyfarth. *Baboon Metaphysics: The Evoution of a Social Mind*. Chicago: University of Chicago Press, 2007. p. 193, 195より引用。

Engh, Anne L., Jacinta C. Beehner, Thore J. Bergman, Patricia L Whitten, Rebekah R Hoffmeier, Robert M. Seyfarth, and Dorothy L.Cheney. "Behavioural and Hormonal Responses to Predation in Female Chacma Baboons (*Papio hamadryas ursinus*)." *Proceedings of the Royal Society B* 273 (2006) : 707-712. p. 709より引用。

Fashing, Peter J., Nga Nguyen, Tyler S. Barry, C. Barret Goodale, Ryan J. Burke, Sorrel C.Z. Jones, Jeffrey T. Kerby, Laura M. Lee, Niina O. Nurmi, and Vivek V. Venkataraman. "Death among Geladas (*Theropithecus gelada*) : A Broader Perspective on Mummified Infants and Primate Thanatology." *American Journal of Primatology* 73 (2011) : 405-409. p. 408より引用。

Mendoza, Sally, and William Mason. "Contrasting Responses to Intruders and to Involuntary Separation by Monogamous and Polygynous New World Monkeys." *Physiology and Behavior* 38 (1986) : p. 795-801.

Sugiyama, Yukimaru, Hiroyuki Kurita, Takeshi Matsu, Satoshi Kimoto, and Tadatoshi

Hatkoff, Amy. *The Inner World of Farm Animals*. New York: Stewart, Tabori & Chang, 2009. p. 84より引用。

Marcella, Kenneth L. "Do Horses Grieve?" *Thoroughbred Times,* October 2, 2006. http://www.thoroughbredtimes.com/horse-health/2006/october/02/do-horses-grieve.aspx.（リンク切れ）

第4章　悲しみがうつを引き起こす

Archer, John. *The Nature of Grief: The Evolution and Psychology of Reactions to Loss.* New York: Routledge, 1999.

House Rabbit Society. "Pet Loss Support for Your Rabbit."
http://www.rabbit.org/journal/2-1/loss-support.html

Wager-Smith, Karen, and Athina Markou. "Depression: A Repair Response to Stress-Induced
Neuronal Microdamage That Can Grade into a Chronic Neuroinflammatory Condition."
Neuroscience and Biobehavioral Reviews 35 (2011) : p. 742-764.

第5章　骨に刻み込まれた記憶

Bibi, Faysal, Brian Kraatz, Nathan Craig, Mark Beech, Mathieu Schuster, and Andrew Hill.
"Early Evidence for Complex Social Structure in *Proboscidea* from a Late Miocene Trackway Site in the United Arab Emirates." *Biology Letters* (2012) doi: 10.1098/rsbl.2011.1185.

Douglas-Hamilton, Iain, Shivani Bhalla, George Wittemyer, and Fritz Vollrath.
"Behavioural Reactions of Elephants towards a Dying and Deceased Matriarch."
Applied Animal Behaviour Science 100 (2006) : p. 87-102.

Elephant Sanctuary. "Tina." http://www.elephants.com/tina/Tina_inMemory.php.

Gill, Victoria. "Ancient Tracks Are Elephant Herd." BBC, February 25, 2012.
http://www.bbc.co.uk/nature/17102135.

第2章 最良の友だち

Coren, Stanley. "How Dogs Respond to Death." With a sidebar by Colleen Safford. *Modern Dog,* Winter 2010/2011, pp. 60-65.

Dosa, David. *Making Rounds with Oscar: The Extraordinary Gift of an Ordinary Cat.* New York:Hyperion, 2010.（邦訳『オスカー：天国への旅立ちを知らせる猫』栗本さつき、早川書房、2010年）

Hare, Brian, and, Michael Tomasello. "Human-Like Social Skills in Dogs?" *Trends in Cognitive Science*, 2005. http://email.eva.mpg.de/~tomas/pdf/Hare_Tomasello05.pdf.

King, Barbara J. *Being With Animals.* New York: Doubleday, 2010.

Zimmer, Carl. "Friends with Benefits." *Time,* February 20, 2012, pp. 34-39. Quoted material is from p. 39 (for response by Patricia McConnell, 参照 URL：http://www.patriciamcconnell.com/theotherendoftheleash/tag/carl-zimmer.

VIDEO：Ceremony to honor the dog Hachiko,Tokyo, April 8, 2009. One can see the statue of Hachi in the opening frames. http://www.youtube.com/watch?v=ffB6IEFs-D9A

VIDEO：Heroic dog rescue on the highway in Chile. http://today.msnbc.msn.com/id/28148352/ns/today-today_pets_and_animals/t/little-hope-chiles-highway-hero-dog/

PHOTO：Hawkeye the dog at Jon Tumilson's casket. http://today.msnbc.msn.com/id/44271018/ns/today-today_pets_and_animals/t/dog-mourns-casket-fallen-navy-seal/

第3章 農園の嘆き

Farm Sanctuary, "Someone, Not Something: Farm Animal Behavior, Emotion, and Intelligence." http://farmsanctuary.wpengine.com/learn/someone-not-something/.

参考文献と映像資料

プロローグ　動物たちの悲しみと愛について

Bekoff, Marc. "Animal Love: Hot-blooded Elephants, Guppy Love, and Love Dogs." *Psychology Today* blog, November 2009. http://www.psychologytoday.com/blog/animal-emotions/200911/animal-love-hot-blooded-elephants-guppy-love-and-love-dogs.

Kessler, Brad. *Goat Song: A Seasonal Life, a Short History of Herding, and the Art of Making Cheese*. New York: Scribner, 2009. p. 154より引用。

Krulwich, Robert. "'Hey I'm Dead!' The Story of the Very Lively Ant." National Public Radio, April I, 2009. http://www.npr.org/templates/story/story.php?storyId=102601823.

Potts, Annie. *Chicken*. London: Reaktion Books, 2012.

Rosenblatt, Roger. *Kayak Morning*. New York: Ecco, 2012. p. 49より引用。

第１章　死んだ妹を探して

Coren, Stanley. "How Dogs Respond to Death." With a sidebar by Colleen Safford. *Modern Dog*, Winter 2010/2011, 60-65. p. 62より引用。

Harlow, Harry F., and Stephen J. Suomi. "Social Recovery by Isolation-Reared Monkeys." *Proceedings of the National Academy of Sciences* 68 (1971) : 1534-38. p.1534より引用。
http://www.pnas.org/content/68/7/1534.full.pdf.

King, Barbara J. "Do Animals Grieve?"
http://www.npr.org/blogs/13.7/2011/10/20/141452847/do-animals-grieve.

Renard, Jules. *Nature Stories*. Translated by Douglas Parmée. Illustrated by Pierre Bonnard. New York: New York Review of Books, 2011. p. 39より引用。（邦訳『博物誌』岸田国士訳、白水社、1951年）

＊本書は、二〇一四年に当社より刊行した著作を文庫化したものです。

草思社文庫

死を悼む動物たち

2018年 2 月 8 日　第 1 刷発行

著　者　バーバラ・J・キング
訳　者　秋山 勝
発行者　藤田 博
発行所　株式会社 草思社
〒160-0022　東京都新宿区新宿 1-10-1
電話　03(4580)7680(編集)
03(4580)7676(営業)
http://www.soshisha.com/
本文組版　株式会社 キャップス
印刷所　中央精版印刷 株式会社
製本所　株式会社 坂田製本
本体表紙デザイン　間村俊一

ISBN978-4-7942-2319-7　Printed in Japan

草思社文庫既刊

猫がドアをノックする
岡野薫子

子猫のホシは、ひとり、階段を昇ってやってくる。まるで、この私だけが頼りだというふうに――（本文より）。四世代にわたる猫の家族との生活をともにした著者が綴る不思議に満ち満ちた猫との日常。

猫には猫の生き方がある
岡野薫子

岡野家でともに暮らした猫たちの成長とぬくもり、そして別れをたどる物語。母猫コロとその息子たちを中心としたオムニバス方式。前作『猫がドアをノックする』の続編。猫たちの写真とイラスト多数掲載。

犬たちの明治維新
ポチの誕生
仁科邦男

幕末は犬たちにとっても激動の時代の幕開けだった。外国船に乗って洋犬が上陸し、多くの犬がポチと名付けられる…史実に残る犬関連の記述を丹念に拾い集め、犬たちの明治維新を描く傑作ノンフィクション。

草思社文庫既刊

平気でうそをつく人たち
虚偽と邪悪の心理学

M・スコット・ペック　森 英明＝訳

自分の非を絶対に認めず、自己正当化のためにうそをついて周囲を傷つける「邪悪な人」の心理とは？ 個人から集団まで、人間の「悪」を科学的に究明したベストセラー作品。

犬たちの隠された生活

エリザベス・マーシャル・トーマス　深町眞理子＝訳

人間の最良のパートナーである犬は、何を考え、行動しているのか。社会規律、派閥争い、恋愛沙汰など、人類学者が三十年にわたる観察によって解き明かした、犬たちの知られざる世界。

死者を弔うということ

サラ・マレー　椰野みさと＝訳

父の死をきっかけに世界各地のさまざまな葬送を訪ね歩く旅を始めた著者。文化や社会によって異なる死のとらえ方、悲しみ方、儀式のあり方にじかに触れながら、人間にとっての「死」「死者」の意味を問う。